RAW

数码照片后期处理
从入门到精通

林园◎编著

化学工业出版社

·北京·

内 容 简 介

本书从 RAW 格式的基本概念入手，从宽容度、色彩深度、无损处理、兼容性、软件功能限制、降噪处理、照片大小、调整范围以及物理属性等角度，深入剖析了 RAW 格式的特点与局限性，让读者对其有一个清晰、透彻的认识。

本书以 37 个照片处理案例为引导，以 Camera Raw 为主，全面、详细地讲解了软件的基础知识与实践技巧，力求让读者对这些常用软件有一个透彻、全面的掌握，让软件使用不再是难题，从而将更多精力放在对照片的美化与调修工作上。

本书提供了所有后期处理案例的多媒体视频学习资料，对于书中部分疑难知识讲解及实例操作，可以通过观看这些视频文件进行学习。

本书不但适合摄影爱好者、美工、网店店主、平面设计师、网拍达人、图形图像处理爱好者阅读，也可作为培训学校、大中专院校相关专业的教学参考书或上机实践指导用书。

图书在版编目（CIP）数据

RAW 数码照片后期处理从入门到精通 / 林园编著 . —北京：化学工业出版社，2024.8

ISBN 978-7-122-45665-6

Ⅰ . ①R… Ⅱ . ①林… Ⅲ . ①图像处理软件 Ⅳ . ① TP391.413

中国国家版本馆 CIP 数据核字（2024）第 097612 号

责任编辑：王婷婷　孙　炜　　　　　　　　　装帧设计：异一设计

责任校对：宋　夏

出版发行：化学工业出版社（北京市东城区青年湖南街 13 号　邮政编码 100011）

印　　装：天津裕同印刷有限公司

710mm×1000mm 1/16　印张 13　字数 308 千字　2024 年 7 月北京第 1 版第 1 次印刷

购书咨询：010-64518888　　　　　　　　　售后服务：010-64518899

网　　址：http://www.cip.com.cn

凡购买本书，如有缺损质量问题，本社销售中心负责调换。

定　　价：88.00 元

前言

PREFACE

随着后期处理技术的普及，越来越多的摄影师意识到，要充分利用照片后期处理的优势，深入挖掘照片隐藏的美，那么RAW格式可以说是最佳选择。本书正是一本讲解RAW格式数码照片后期处理的技术型图书。

理论是对实践的指引，案例是对实践的磨炼，这也是学习任何知识时，必不可少的两大组成部分。

在理论方面，本书第1章从RAW格式的基本概念入手，然后从宽容度、色彩深度、无损编修、兼容性、软件功能限制、降噪处理、照片大小、调整范围以及物理属性等多角度、多维度地深入剖析了RAW格式的特点与局限性，让读者对其有一个清晰、透彻的认识，从而更好地把握RAW照片处理的基本思路，为后面的实践做好充分的准备。

本书第2章讲解了Camera Raw的工作界面、照片处理基础、"基本"调整面板中最常用的参数、了解纹理与清晰度参数的区别、增强照片细节和去除照片噪点的方法等基础入门功能。

本书第3章讲解了去除薄雾、黑白混色器、修复工具、裁剪工具、配置文件、去除紫边、预设、增加噪点、蒙版等Camera Raw的进阶功能，这些功能在RAW格式照片修饰处理中，常用且决定着画面的效果，通过学习这些内容，读者能够知道在修饰照片时如何使用相应的功能，使照片达到自己想要的效果。

本书第4章内容则是蒙版、混色器、校准文件功能的实例运用，通过案例讲解，让读者进一步巩固Camera Raw的进阶功能。

本书第5章讲解了Photoshop软件的AI功能的使用方法，及使用Photoshop AI生成素材照片、修补照片、增加照片细节、处理过曝照片、处理人像照片、给人像照片换装等应用效果。

本书第6~7章分别从曝光和色彩的角度，配合精美、典型的处理实例，讲解了最基本、最常用的照片后期处理技术，让读者对这些基础技术有一个充分的了解，然后在第8~9章中，讲解了使用Camera Raw和Photoshop软件处理常见的人像和风光题材照片的方法，读者能够从这些典型案例中，学习到这些软件的基础功能及特色功能的用法与技巧。

特别提示：本书示例所使用的Photoshop 2023版本，可以兼容Photoshop 2024版本，Camera Raw用的是15.4和16.0版本，可以兼容15.×版本。

除了跟随图书内容学习后期处理知识外，笔者还委托专业的讲师，针对本书中的所有照片处理案例，录制了多媒体视频教学课件，如果在学习中遇到问题，可以扫描二维码，观看相应的多媒体视频解释疑惑，提高学习效率。

为了方便交流与沟通，欢迎读者朋友添加

我们的客服微信hjysysp，与我们在线交流，也可以加入摄影交流QQ群（528056413），与众多喜爱摄影的小伙伴交流。

如果希望每日接收新鲜、实用的摄影技巧，可以关注我们的微信公众号"好机友摄影视频拍摄与AIGC"；或在今日头条搜索"好机友摄影""北极光摄影"，在百度App中搜索"好机友摄影课堂""北极光摄影"，以关注我们的头条号、百家号；在抖音搜索"好机友摄影""北极光摄影"，关注我们的抖音号。

编著者

目 录
CONTENTS

第1章 认识RAW格式照片的优劣势

第2章 Camera Raw入门功能

第3章 Camera Raw进阶功能

第4章　Camera Raw功能技法应用

第5章　用Photoshop AI功能对 图像局部精调

第6章　RAW照片曝光处理实战

第7章　RAW照片色彩调整实战

第8章 人像类RAW照片处理实战

第9章 风光类RAW照片处理实战

第1章 认识RAW格式照片的优劣势

1.1　关于RAW

　　RAW意为"原材料"或"未经处理的"，它包含了数码相机传感器（CMOS或CCD）获取的所有原始数据，如相机型号、光圈值、快门速度、感光度、白平衡、优化校准等，更形象地说，RAW就像一个容器，所有的原始数据都装在这个容器中，用户可以根据需要，调用容器中的一部分数据组合成为一幅照片。正因如此，RAW格式照片具有极高的宽容度，也就是拥有极大的可调整范围，充分利用其高宽容度的特性，通过恰当的后期处理，可以得到更加美观的照片结果，甚至能够将"废片"处理为"大片"，例如在亮度方面，RAW格式可以记录下+2~-4甚至更大范围的亮度信息，即使照片存在曝光过度或曝光不足的问题，也可以在此范围内，将其整体或局部恢复为曝光正常的状态。

　　例如，如图1.1所示就是一幅典型的在大光比环境下拍摄的RAW格式照片，其亮部有些曝光过度，暗部又有些曝光不足。如图1.2所示是使用后期处理软件，分别对高光和暗部进行曝光和色彩等方面处理后的结果，可以看出，二者存在极大的差异，处理后的照片曝光更加均衡，而且色彩也更为美观。

图1.1

图1.2

1.2　常见RAW格式

　　RAW格式是对所有原始照片格式的统称，具体来说，几乎每家相机厂商都发布了专属的RAW格式，每种RAW格式的扩展名也各不相同，例如佳能相机普遍采用.cr2扩展名，尼康相机普遍采用.nef扩展名，具体见下表。

相机品牌	RAW格式扩展名
富士	*.raf
佳能	*.crw，*.cr2
柯达	*.kdc
美能达	*.mrw
三星	*.srw
尼康	*.nef、*.nrf
奥林巴斯	*.orf
Adobe	*.dng
宾得	*.ptx，*.pef
索尼	*.arw
适马	*.x3f
松下	*.rw2

　　上述RAW格式是各厂商专用的，除此之外，还有一种通用的RAW格式，其扩展为*.dng，即Digital Negative的缩写，它是由Adobe公司于2004年9月推出的，目的是希望能够统一目前繁多的RAW格式，但由于多数相

机厂商都坚持使用自己的RAW格式，到目前为止，仅有少数厂商的相机支持DNG格式，如Hasselblad（哈苏）、Leica（徕卡）、RICOH（理光）和Samsung（三星）等，用户可以使用Camera Raw将各厂商专用的RAW格式转换为通用的*.dng格式，其方法可参见本书第2.2.5节的讲解。

1.3 RAW文件格式的优缺点

摄影初学者们常常听摄影高手们讲，拍摄照片一定要使用RAW格式，这样方便做后期调整，通过前面1.1节展示的对比效果也可以有一个直观的感受，原本感觉灰蒙蒙的、存在严重曝光问题的照片，在经过后期软件处理后，便有了飞跃性的改变，甚至能让人惊呼："这根本就不是同一张照片！"足见RAW格式照片的优点，当然，凡事都有利弊，RAW也存在其特有的缺点，下面以常见的JPG格式为例，分别从不同的角度对比分析RAW格式的优点和缺点。

1.3.1 宽容度

在1.1节中已经初步介绍过RAW格式高宽容度的特点，这是源于它记录了大量的原始数据，因此用户可以在原始数据所记录的范围内做自由调整，实现照片的美化及校正处理。例如在曝光方面大多可以实现+2~−4范围的调整，而在白平衡方面可以实现无限制的调整，部分RAW格式处理软件甚至提供了比相机更大的色温调整范围。

例如，如图1.3所示为使用Canon EOS 5D Mark Ⅳ拍摄的RAW格式照片，由于相机设置的问题，导致照片严重的曝光不足。如图1.4所

示是以Camera Raw软件为主，对照片的曝光、色彩等方面进行大量后期处理后的效果，不仅将其调整为正常的曝光结果，同时还通过后期处理，强化了其明暗与色彩对比，使照片更具美感和视觉冲击力，这些都需要RAW格式强大的宽容度支持。

图1.3

图1.4

1.3.2 色彩深度

对数码照片来说，色彩深度表示储存1像素的颜色所用的位数，它也称为位/像素（bpp），色彩深度越高，可用的颜色就越多，颜色也就越细腻。色彩深度是用"n位颜色"（n-bit colour）来说明的，若色彩深度是n位，即有2^n种颜色选择，而储存每像素所用的位数就是n，例如JPG格式支持8位色彩深度，可显示2^8个级别的颜色，即256个级别（0~255），共可以表示16,777,216种颜色，

而目前主流的RAW格式往往支持14位色彩深度，即无损RAW格式，它可以显示2^{14}个级别，即16384个级别（0~16384），共可以表示4,398,046,511,104种颜色。通过上面的数据对比可以看出，14位的RAW格式可包含的颜色数量，要远超过JPG格式。若将一幅14位的RAW格式照片转换为JPG格式，则RAW格式照片中平均262,144个颜色，将被压缩为JPG格式照片中的一个颜色。

从后期处理角度说，14位的RAW格式照片包含的细节明显更多，通过恰当的后期处理，可以大幅提高画质，相对地，JPG格式由于包含的细节少，后期处理时有较大的局限性，因此无法与RAW格式相提并论。当然，若不考虑后期处理方面的因素，仅凭肉眼观察，就能发现RAW格式与JPG格式拥有几乎相同的视觉效果。

值得一提的是，很多相机厂商除了14位的无损RAW格式外，还提供了12位的RAW格式，它可以显示2^{12}个级别，即4096个级别（0~4095），共可以表示68,719,476,736种颜色，由于色彩深度要低于14位的，因此也称有损RAW格式，但仍然大幅高于JPG格式的16,777,216种颜色。通常来说，拍摄12位RAW就已经可以满足日常和后期处理需求了，但专业摄影师为了追求极致的影像品质，往往会选择使用14位RAW格式进行拍摄。

1.3.3　无损编修

什么是无损编修?

无损编修又称无损处理、无损编辑，简单来说就是"不对原始照片做破坏性处理"，其中的"破坏性"是指破坏照片原有的内容，例如永久改变照片的亮度、色彩等。例如，对于JPG照片来说，使用Photoshop中的"色相/饱和度"命令做调色处理，将红色调整成为黄色，那么其中的红色像素就发生了永久性的色彩变化，这就是破坏性调整。

对RAW照片来说，所有的调整只是调用其中包含的原始数据而已，例如我们将其中的红色调整成为黄色，那么就是软件从RAW照片中调取改变颜色后的图像内容并显示出来，而原来的黄色仍然存在，只是被隐藏起来了而已，这也是前面所说的RAW格式拥有高宽容度的一个表现。

为什么需要无损编修?

无论是专业的摄影师，还是摄影爱好者，对照片的后期处理往往不可能一次性调整到位，即可能在处理过程中进行反复的调整，或在初步处理完成后，隔一段时间再观察处理结果，可能又会发现不满意的地方，然后再次进行调整。此时，若是采用传统的有损处理方式，原始照片会被破坏，修改时又会做更多的破坏性调整，如调亮后又调暗，之后再调亮等，这会大幅降低照片的质量。

如前所述，RAW格式照片在处理时只是调用原始数据，因此具有先天的无损处理的特性，可以将调整参数单独保存起来，并随时对其进行修改，从而提高修改时的工作效率，且不会对原始照片产生任何破坏性的调整。

例如图1.5所示为RAW格式的原始照片。

图1.5

如图1.6所示是通过改变照片中的颜色，并大幅提高照片对比度及色彩饱和度得到的效果，此后又基于此效果修改出如图1.7所示的效果，这就需要RAW格式的高宽容度及无损调整的特性做支撑才能现实，若是JPG格式，在处理完如图1.6所示的效果后，照片的高光和暗部都有细节损失，黄色树叶也产生了较多的色彩淤积，此时就难以实现如图1.7所示的效果了。

图1.6

图1.7

如图1.8~图1.11所示，为调整的另外几种不同风格的效果。

图1.8

图1.9

图1.10

图1.11

可以看出，以上每个方案都有截然不同的视觉效果，在亮度、颜色及色彩饱和度等方面，都有极大的差异，但由于RAW拥有极高的宽容度且无损调整的特性，无论是在原始照片基础上调整，还是基于某个效果再调整另一个效果，都可以轻松实现，而不会对原始照片产生破坏。

1.3.4 兼容性

JPG格式是国际通用的工业标准格式，也是WEB标准格式文件之一，几乎所有的计算机系统和图像处理软件都支持JPG格式文件，这也是数码相机中最常见的输出格式之一，因此对于文件的处理与共享来说，JPG格式非常方便，无论是专业的Photoshop、Lightroom等软件，还是以方便、快捷为主打功能的美图秀秀等软件，甚至是众多的手机APP，都可以良好地支持JPG格式。

对于RAW格式，前面已经说过，大部分厂家都发布了各自专用的RAW格式，而每种格式都需要专用的软件对其进行处理或读取，如尼康公司的捕影工匠，佳能公司的Digital Photo Professional等。虽然目前主流的第三方RAW格式处理软件，如Camera Raw、Lightroom及CaptrueOne等都兼容各厂家的RAW格式，但由于第三方软件无法取得厂家RAW格式文件的核心算法，因此可能存在读取和处理效果上，不如原厂软件的问题。另外，由于各相机厂家在发布新机型时，往往会对RAW格式的核心算法做一定改动，第三方软件可能会出现无法打开新相机所拍摄的RAW格式照片等问题，因此需要第三方软件公司及时发布支持补丁，用户也要更新补丁后才可以处理。

1.3.5 软件功能限制

各相机厂商开发的RAW格式处理软件，往往定位为相机参数的扩展，可以让用户在电脑上编辑RAW格式，如相机校准、白平衡、曝光

补偿等，虽然其中部分参数范围要大于相机中能够调节的范围，但总体来说，功能普遍不够丰富，相对而言，第三方软件则提供了更多丰富、实用的功能，如Camera Raw中的线性渐变蒙版、径向渐变蒙版、调整画笔工具、透视校正、裁剪后暗角、基于相机校准的色彩调整及快照等，可以满足用户更多、更复杂的调整需求。可参考图1.12所示的照片。

图1.12

如图1.13所示是调整了曝光、白平衡及色彩饱和度等属性后的效果，这基本就是使用原厂软件所能做到的程度，主要原因是缺少对局部区域做调整的功能。如图1.14所示是使用Camera Raw的线性渐变和径向渐变蒙版，分别对天空、地面和山峰局部做调整后的效果，可以看出，各部分的曝光更加均匀，效果也更为美观。

图1.13

图1.14

当然，从更广阔的视角来说，相机厂商和第三方厂商开发的RAW格式处理软件，在功能上还是存在很多不足之处，这在很大程度上限制了我们对RAW格式照片的编辑。例如，由于缺少精确的选择功能，因此无法针对特定范围做精确的调整；在修复照片时，无法处理复杂的图像区域等，对于这类问题，我们需要将照片转换为JPG、TIFF等格式，然后转至Photoshop中处理，借助其强大的图像处理功能，做进一步的编修，但这样就失去了RAW格式的调整优势。因此，在调修过程中，应尽量在RAW格式处理软件中做处理，充分利用其高宽容度的优势，最后再转至Photoshop中处理。

1.3.6　降噪处理

RAW降噪的优势

在光线不充分、使用了高ISO感光度或长时间曝光时，照片较容易产生噪点，此外，在后期处理时，若大幅提高照片的曝光等级，尤其是在提亮曝光不足的照片时，也容易产生噪点，此问题也是无法利用RAW格式的优势进行修复的，但从处理流程上来说，RAW格式仍然比JPG格式有优势。

具体来说，以相机中的高ISO降噪功能为例，假设采用默认的参数进行拍摄，那么从拍摄到最终完成降噪处理，JPG格式照片的基本

流程为："原始照片—机内降噪—生成JPG—后期降噪处理—再次生成JPG"。而RAW格式的基本流程为："原始照片—后期降噪处理—生成JPG"。

对比不难看出，JPG照片比RAW照片多了一次机内降噪和生成JPG的压缩，因此照片质量会有所下降。需要特别解释的是，之所以RAW照片少了一次机内降噪，是因为它只是将降噪参数记录在RAW文件中，用户可以在编辑RAW时取消这个降噪处理，也就是说，我们可以对未处理的原始照片做降噪处理，因此这里将其记为少做了一次机内降噪。

JPG直出与使用官方、第三方软件对RAW进行降噪的对比

下面将以尼康相机为例，通过实拍高ISO降噪的照片，对比JPG直出与官方、第三方RAW软件的降噪对比，其中官方软件采用的是尼康最新发布的捕影工匠，第三方软件为Camera Raw。

JPG直出是指由相机直接拍摄得到JPG格式照片。

为便于对比，笔者直接采用RAW+JPG的格式进行拍摄，保证JPG和RAW是完全相同的，其中JPG格式为最大尺寸、最高质量，高ISO降噪为默认值。

下面组图是以JPG直出降噪结果，及其与RAW照片降噪数值归0后的对比，此对比的意义在于，首先让读者认识到RAW是可以恢复到降噪前的原始状态的。其中图1.15所示是JPG照片的局部效果；如图1.16所示是使用尼康官方的后期处理软件——捕影工匠打开RAW照片并将所有降噪参数归0时的局部效果，可以看出，噪点明显变得更多；如图1.17所示是使用

Adobe公司开发的Camera Raw打开RAW照片并将所有降噪参数归0时的局部效果。

图1.15

图1.16

图1.17

 提 示

在默认情况下，Camera Raw会对照片做一定的锐化处理，为保证上述对比是基于原始照片的，因此将锐化数值也全部归0。

通过对比可以看出，相对于使用默认降噪参数直出的JPG照片，在捕影工匠和Camera Raw中将降噪归0后，得到了最原始的照片，而且由于解像机制不同，在捕影工匠中，噪点相对较少，但黑色斑点相对较多，在Camera Raw中，噪点相对较多，主要是由于其解析出来的红色噪点较多，但黑斑问题要少于捕影工匠。

如图1.18所示是降噪后的局部效果对比，此对比的意义在于，让读者直观感受到默认参数下RAW照片的降噪结果，并体会出其优势所在。其中左图仍是机内降噪后直出的JPG照片，如图1.19所示为在捕影工匠中以默认降噪参数显示的效果，理论上来说，此时捕影工匠的参数是与机内降噪参数相同的，因此处理结果也应该与JPG照片相同，但仔细对比可以看出，捕影工匠的处理结果中绿色噪点更少一些，纯净感觉更好；如图1.20是由Camera Raw以默认降噪参数（仅对彩色噪点做处理）处理后的结果，可以看出，这是三幅照片中视觉效果最佳的，虽然仍存在大量亮度噪点，但彩色噪几乎消失不见了，而也没有捕影工匠中的黑色斑点问题，噪点也更加均匀，但存在一个问题就是阴影变得略浅，立体感有所下降。

图1.18

图1.19

图1.22

图1.20

图1.23

如图1.21~图1.23所示是对3幅照片做了相同强度的降噪处理后的效果对比，依次为JPG直出、捕影工匠和Camera Raw。

对比可以看出，JPG直出的结果是最差的，画面仍然存在较多的亮度和彩色噪点，图像边缘质量下降也很严重；使用捕影工匠的结果略好，亮度噪点基本与JPG直出相同，但彩色噪点更少，画面更干净一些；从噪点处理方面来说，Camera Raw的结果是最好的，亮度噪点较少，彩色噪点完全消失不见，而且不存在黑色斑点，但由于阴影变淡，因此立体感稍差，但这是可以通过调整"去除薄雾"或"清晰度"等参数进行修正的。

图1.21

通过上述对比，可以充分说明RAW格式在降噪处理时的优势，同时也证明了第三方软件的强大之处，另外，第三方软件往往拥有更多、更强大的功能，因此笔者建议可以以Camera Raw、Lightroom等优秀的第三方软件为主进行后期处理。

1.3.7 照片大小

这里所说的大小是指其占用的磁盘空间。如前所述，RAW保存了大量的原始数据，因此照片比较大，以尼康Z8相机为例，它拥有4571万有效像素，在以RAW格式保存时，可以达到60~100M，而以最高质量的JPG格式拍摄，大约只有15~20M。对比可以看出，RAW格式的大小要远高于JPG格式。好在目前大容量存储卡价格不高，使得照片在存储方面基本不存在问题，因此，出于后期处理需要方面的考虑，建议尽量以RAW格式进行拍摄。

1.4 RAW格式的局限性

前面说过RAW格式拥有极高的宽容度，但并不是无限的，换句话说，RAW格式也有其自身的局限性，因此读者绝不能认为以RAW格式拍摄，就可以万无一失了。下面来详细介绍RAW格式存在的局限性。

1.4.1 调整范围的局限性

如前所述，RAW格式记录是有一定范围的，如果超出了其范围，就无法再继续做调整了。例如前面所说的RAW格式在亮度方面通常拥有+2~-4范围的宽容度，也就是说，在曝光正常的基础上，曝光过度2挡或曝光不足4挡的情况下，可以通过调整将其恢复为正常状态，若超出此范围，就无法恢复了。

如图1.24所示的为原照片，该照片的上半部分存在较严重的曝光过度。如图1.25所示是降低2挡曝光后，左上方显示出了一定的细节，但右上方区域仍然存在曝光过度的问题。

图1.24

图1.25

如图1.26所示是降低3挡曝光时的效果，可以看出，由于超出了原始数据的范围，因此继续降低曝光只会让原来的白色变为灰色，而不是恢复到曝光正常的效果。

图1.26

相对RAW格式来说，JPG格式照片是根据相机参数的设定而直接生成的照片，其宽容度很低，只能在较小的范围内做调整。仍以上面的原始照片为例，如果将其导出成为最高质量的JPG格式，如图1.27所示的是将其曝光降低约1.1挡时的效果，此时天空区域虽然显示出了一定的细节，但这已经是天空区域能够显示出的最大细节了。与前面RAW格式降低2挡曝光时的效果相比，明显少了很多的细节。如果继续调暗，死白的区域就会变为灰色，如图1.28所示。

图1.27

图1.28

1.4.2　物理属性的局限性

　　这里所说的物理属性，是指在拍摄时已经固定的影像范围或内容，如构图、景深等。以构图为例，照片拍摄完成后，构图就已经确定下来，要通过二次裁剪进行构图变化，即使是RAW格式照片，也只能在现有范围内做处理，而无法超出该范围。

　　再如景深，尤其是小景深时，照片中存在局部虚化，而焦点部分是实体，这种虚实的变化是无法通过RAW格式做改变的。依次类推，若存在由于对焦不准、相机不稳等导致的照片模糊、虚化，如果是非常细微的问题，可以尝试通过锐化处理做适当校正处理，如果问题较严重，则难以甚至无法校正，这些都不是RAW格式记录的原始数据范围。

第2章 Camera Raw 入门功能

2.1　认识Camera Raw的工作界面

2.1.1　认识Camera Raw工作界面

在Photoshop中打开RAW格式照片，即可启动Camera Raw软件，如图2.1所示。

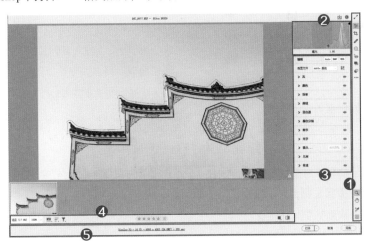

图2.1

❶ 工具栏：包括用于编辑照片的工具，以及设置Camera Raw软件和界面等的按钮。

❷ 直方图：用于查看当前照片图像的曝光数据信息。

❸ 调整面板：此面板包含11个选项卡，可用于调整照片的基本曝光与色彩，调整暗角，校正镜头扭曲与色边等。

提示

除了"镜头模糊"选项卡是Camera Raw16.0版本的新增面板外，"亮"和"颜色"面板中的参数，在Camera Raw15.4版本中均在"基本"选项卡中，因此，Camera Raw15.4版本只有9个选项卡。

❹ 视图控制区：在此区域的左侧可以设置当前照片的显示比例；右侧可以设置调整前后对比效果的预览方式。

❺ 操作按钮：单击"转换并存储图像"按钮 ⬇（单独在工作界面的右上角），可详细设置照片的存储属性；在"打开"的下拉列表中单击"打开"按钮，可打开图像至 Photoshop；单击"以对象形式打开"按钮，打开至 Photoshop的图像，图层是以智能对象的形式存在的，双击这个图层的缩览图，便能够返回到 Camera Raw滤镜界面里，可以再次对图像做加工和处理；单击"以副本形式打开"按钮，则会复制一个副本图像打开至 Photoshop中。单击中间带有下划线的文字，可以调出"工作流程"对话框，可在其中设置照片的色彩空间及大小等参数。

2.1.2 认识Camera Raw的工具

Camera Raw中的工具主要用于旋转、裁剪、修复、调色及局部处理等，如图2.2所示。

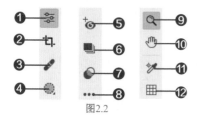

图2.2

下面来分别讲解各个工具的作用。

❶ 编辑工具 ≋：单击此图标，将展开调整面板。

❷ 裁剪工具 ♯：用于裁剪照片，按住此工具图标，会在图标左侧出现下拉列表，然后可以设置相关的裁剪参数。

❸ 修复工具 ✐：用于去除照片中的污点瑕疵，也可复制指定的图像到其他区域，以修复照片。

❹ 蒙版工具 ⬤：用于选择局部调整的区域，单独对其进行相关设置。

❺ 红眼工具 ⦿：用以去除因在较暗环境下开启闪光灯拍摄导致的人物红眼现象，以修复人物的眼睛。

❻ 快照 ◼：记录多个调整状态后的效果。

❼ 预设 ◉：将多组图像调整存储为预设。

❽ 更多图像设置 ⋯：单击此按钮，将出现下拉列表，可以设置相关一些图像参数。

❾ 缩放工具 ◎：使用此工具可以对图像进行放大或缩小查看。

❿ 抓手工具 ✋：使用此工具可以抓动画面查看，在放大时查看细节常用。

⓫ 切换取样器叠加工具 ✐：用于取样照片中指定区域的颜色，并将其颜色信息保留至取样器。

⓬ 切换网格覆盖图工具 ⊞：单击此图标可以显示网格线，再次单击可取消网格显示。

2.1.3 调整面板

默认情况下，Camera Raw的调整面板包含11个选项卡，如图2.3所示，用于调整照片的色调和细节。另外，在选择部分工具时，也会在此区域显示相关的参数。

图2.3

下面分别介绍在默认情况下各选项卡的作用。

❶ 亮：用于调整照片的曝光、对比度、高光、阴影等属性。

❷ 颜色：用于调整照片的色温、色调和饱和度等属性。

❸ 效果：用于调整照片的纹理和清晰度，以及模拟胶片颗粒或应用裁切后的晕影。

❹ 曲线：用于以曲线的方式调整照片的曝光与色彩，可采用"参数"或"点"的方式进行编辑，其中选择"点"子选项卡时，编辑方法与Photoshop中的"曲线"命令基本相同。

❺ 混色器：对色相、饱和度和明度中的各颜色成分进行微调，也可将照片转换为灰度。

❻ 颜色分级：分别对高光范围、中间调范围和阴影范围的色相、饱和度进行调整。

❼ 细节：用于锐化照片细节及减少图像中的杂色。

❽ 光学：用于调整因镜头导致的扭曲和镜头晕影等问题。

❾ 镜头模糊：模拟使用大光圈拍摄时的虚化前景或背景效果。

❿ 几何：用于对照片的水平、垂直方向进行水平线校正、角度旋转、长宽比等操作。

⓫ 校准：将相机配置文件应用于原始照片。

2.2　Camera Raw照片处理基础

2.2.1　打开照片

Camera Raw是Photoshop附带的一个插件，并且能够自动识别众多的RAW格式照片，因此用户只需要在Photoshop中打开RAW格式照片，就会自动启动Camera Raw，具体方法为：按Ctrl+O键或选择"文件—打开"命令，在弹出的对话框中选择要处理的RAW格式照片，并单击"打开"按钮即可。

2.2.2　保存照片

在调整好照片后，单击右上角的"转换并存储图像"按钮 ，即可保存对照片的处理效果。默认情况下，会生成与照片同名的.xmp文件，该文件保存了所有Camera Raw对照片的修改参数，因此一定要保证该文件与RAW照片的名称相同。若.xmp文件被重命名或删除，则所做的修改也会全部丢失。

另外，若是单击"打开"按钮，可以保存当前的调整，并在Photoshop中打开照片。

> **提示**
>
> 对于扩展名为.dng的RAW格式照片，其修改会保存在.dng格式照片的内部，而不会生成相应的.xmp文件。

2.2.3　创建快照

在调修照片的过程中，往往需要经过很多次的尝试，才能最终调出一个最满意的效果。在这个过程中，可能存在调到一定程度，不是非常满意，但又难以继续调整的效果，这种效果可能会作为一个备选的调整方案，要保存这些备选方案，就可以使用快照功能。

简单来说，Camera Raw中的快照就是将当前调整的参数记录下来，当有需要时，直接调用某个快照，可以显示对应的效果。

例如，图2.4所示是将一幅夏日照片调整为秋景时的效果。

图2.4

若要将此效果保存为快照，可以单击"快照"工具 ，在其显示的参数设置界面中单击新建快照按钮 ，如图2.5所示，在弹出的对话框中输入快照的名称，如图2.6所示。

单击"确定"按钮退出对话框，即可保存当前调整的效果。

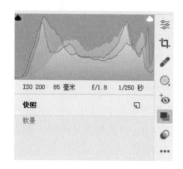

图2.5

图2.6

如图2.7所示是重新调整参数，将照片处理为清爽绿色调效果，并将其保存为快照时的状态，此时共存在2个快照，单击其名称，即可在两种调整效果之间切换。

图2.7

若删除快照，可以选中需要删的快照，然后单击"快照"参数设置界面中的删除快照按钮 ⏷ 即可。

2.2.4 同步修改多张照片

同步是指将某张照片的调整参数，完全复制到其他照片中，常用于对拍摄的系列照片做统一、快速的处理，从而大大提高工作效率。其基本操作步骤如下。

① 首先在 Photoshop 中打开要做同步处理的

一张或多张照片，本例可以打开素材文件夹"第 2 章 \2.2.4- 素材"中的 3 幅照片，以启动 Camera Raw 软件，此时 3 幅照片会列于软件界面的下方，如图 2.8 所示。

图2.8

② 单击编辑工具 ☲，选择"亮"选项卡，调整"色温""自然饱和度"及"饱和度"等数值，如图 2.9 所示，以改变照片的色调和增强色彩，如图 2.10 所示。

（颜色参数）
白平衡　自定
色温　43000
色调　+7
自然饱和度　+100
饱和度　+46

图2.9

图2.10

③ 选择"效果"选项卡，调整"清晰度"数值，如图 2.11 所示，以增强照片的清晰度，如图 2.12 所示。

图2.11

图2.14

图2.12

04　在下方的照片列表中，在第 1 张照片上单击，以确认选中该同步源，然后按 Ctrl+A 键选中所有的照片。

05　按 Alt+S 键，或单击照片列表右侧的 按钮，在弹出的菜单中选择"同步设置"命令，如图 2.13 所示，在弹出的对话框中设置参数，以确定要同步的参数，在本例使用默认的参数设置即可，如图 2.14 所示。

全选	Ctrl+A
复制编辑设置	Ctrl+C
复制选定编辑设置...	Ctrl+Alt+C
粘贴有关编辑方面的设置	Ctrl+V
同步设置...	Alt+S
更新 AI 设置	Ctrl+Shft+U
设置星级	>
设置标签	>
设置为拒绝	Alt+Del 键
标记为删除	
存储图像	>
增强...	Ctrl+Shft+D

图2.13

06　单击"确定"按钮退出"同步"对话框，即可完成同步操作，如图 2.15 所示。

图2.15

07　确认完成处理后，单击"完成"按钮退出即可。

提 示

在"同步设置"对话框中有一个重点注意事项，在默认设置下，几何、裁剪、修复和蒙版这几个选项是没有勾选的。如果同步的是同样角度拍摄的一批照片，而且在同样的位置，都需要用蒙版处理，比如用画笔、线性渐变、径向渐变功能来进行处理，那么这时一定要选中相应的选项，但在大多数情况下是不需要选中的。

2.2.5 导出照片

在Camera Raw中完成照片处理后，往往要根据照片的用途将其导出为不同的格式，例如最常见的是将其导出为.jpg格式，以便于预览和分享。另外，也可能在Camera Raw中只是完成一部分调整工作，之后还要在其他软件中（如常见的Photoshop）继续调整，也需要将照片导出为软件支持的格式。

要导出照片，可以单击Camera Raw界面右上角的"转换并存储图像"按钮 ，在弹出的"存储选项"对话框中设置参数，如图2.16所示。

图2.16

下面来分别介绍"存储选项"对话框中各区域的参数作用：

- 预设：在此下拉列表中可以选择存储的预设，以调用之前保存好的存储参数。在此下拉列表中选择"新建存储选项预设"命令，在弹出的对话框中输入名称并单击"确定"按钮，即可将当前设置好的存储参数保存为预设，以备日后使用。
- 目标：在此下拉列表中可以选择照片

导出的位置。若选择"在相同位置存储"，可以将照片导出到当前RAW格式照片所在的文件夹；若选择"在新位置存储"，可以在弹出的对话框中设置要导入的位置。

- 文件命名：在此区域可以设置导出照片时的名称及拓展名规则。
- 格式：在此下拉列表中可以选择要导出的照片格式，如JPG、TIFF、PSD及DNG等，选择不同的格式后，会在下方显示相应的参数。
- 色彩空间：在此区域可以设置照片导出时的色彩空间。
- 调整图像大小：在此区域可以设置在导出照片时，是否改变照片的大小。例如要导出JPG格式的预览图时，往往不需要以原尺寸进行导出，而是缩小一些尺寸导出。此时就可以选中"调整大小以适合"选项，然后设置要导出的最大宽度（W）、最大高度（H）及分辨率等参数。

提示

这里设置的是照片导入时宽度和高度的最大值，而不是实际值，例如将"调整图像大小"区域中的导出尺寸设置为2000px×2000px，就是指导出照片的最大宽度或最大高度不会超过2000px，而不是指导出为2000px×2000px尺寸的照片，导出的照片将会与原照片等比例，读者在处理其他照片时，可根据电脑配置能够承受的大小或实际需要进行适当的调整。

- 输出锐化：在此区域中选中"锐化"选项，可以在后面的2个下拉列表中选择锐化的模式及强度。

2.3　掌握调整面板中最常用的参数

调整面板是使用频率最高的、出效果最快的一个调整工具，通过调整面板调整的这个图像，再配合使用画笔工具、渐变工具或镜像滤镜工具，基本上就能够把图像调得差不多了。

在调整的时候，我们是依据什么顺序呢？首先是调光影，其次是调大致的颜色，然后是饱和度，最后是细节。反馈在调整面板上，也就是首先调整图像的黑色、白色、阴影及高光，其次调整对比度和曝光，第三调整色调和色温，最后调整饱和度。

2.3.1　黑色和白色

一张图像的最亮区域和最暗区域就是由黑色和白色来界定的，如果我们增加一张图像的"黑色"数值，然后再增加"阴影"的数值，这张图像大部分被阴影所淹没的细节，就全部恢复出来了，所以如果一张图像太暗了，首先就要调整"黑色"数值。如图2.17所示为调整"黑色"数值前后的效果对比。

图2.17

同样的道理，如果一张图像的天空区域偏曝，就可以减少"白色"的数值，图像高光区域的亮度就会降下来，然后再降低图像的"高光"数值，高光区域的过曝情况就能得到改善。如图2.18所示为调整"白色"数值前后

的效果对比。如图2.19所示为"黑色"和"白色"选项。

图2.18

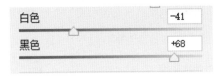

图2.19

2.3.2　白平衡

图像的色调调整由白平衡控制，白平衡包含了色温和色调。色温数值越低，画面偏蓝，色温数值越高，则偏黄的。色调调向负数端，画面偏绿，色调调向正数端，画面偏紫，可以根据画面的风格需要做调整。白平衡调整除了调整色温和色调滑块外，也可以选择日光、阴天、阴影、白炽灯、荧光灯、闪光灯或自动白平衡选项，除此之外，还可以利用滴管工具对画面中的中间调区域单击一下，以自动校正白平衡。如图2.20所示为白平衡选项。

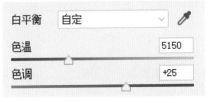

图2.20

在调整白平衡时，要把握一个重点，就是对于一张图像中的色彩，需要强调出它的主体色调。比如使画面整体偏冷色调、偏暖色调或者强调出冷暖对比效果。

2.3.3　饱和度

饱和度有"自然饱和度"和"饱和度"两个选项。如果调整"饱和度"选项，则提升图像上所有颜色的饱和处理。

而"自然饱和度"选项，它是对图像里面非饱和的区域，增加饱和度，相对于整体的图像调整，调整"自然饱和度"会更加精细一些。如图2.21所示为饱和度选项。

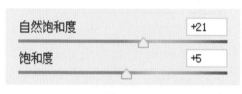

图2.21

2.4　了解纹理与清晰度参数的区别

纹理和清晰度都是对图像的细节进行锐化处理，或者是加强精细度的处理。但是他们又有细微的区别。

2.4.1　纹理

"纹理"选项可以在 –100~+100之间调整，数值向正数端调整，画面的细节感越强，反之，则画面的细节越柔和，在Camera Raw中展开调整面板中"效果"选项卡，即可显示"纹理"选项，如图2.22所示。

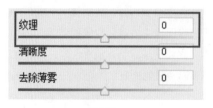

图2.22

通过图2.23和图2.24所示的调整纹理前和调整纹理后的画面局部对比图可以看出，数值设为+100后的画面，人物的头发及皮肤纹理都非常地细致。

图2.23

图2.24

2.4.2　清晰度

调整"清晰度"选项，除了会锐化画面的细节外，还会增强画面的明暗对比效果，使画面整体感觉更清晰一些。在Camera Raw中展开调整面板中"效果"选项卡，即可显示"清晰度"选项，如图2.25所示。

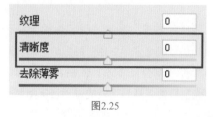

图2.25

通过图2.26和图2.27所示的调整清晰度前和

调整清晰度后的画面局部对比图可以看出，数值设为+100后的画面，人物的明暗对比明显增强了。

图2.26

图2.27

如果需要针对画面细节化的处理，不希望改变画面的影调以及明暗，可以调整"纹理"选项，如果需要让画面整体感觉上清晰一些，画面细节是居其次的，可以调整"清晰度"选项，这就是它们最主要的区别，但一般情况下，同时适当调整两个选项，这样画面的整体感受会比较好一些。

2.5 增强照片细节和去除照片噪点的方法

修饰照片的最后一个操作步骤，基本上是对照片的细节进行处理，细节处理包含两个方面，第一是对照片做锐化处理，第二是去除照片中的杂色。在Camera Raw滤镜中，这两步操作是通过调整"细节"选项卡中的"锐化""减少杂色"和"颜色"三个选项来实现的，如图2.28所示。

图2.28

2.5.1 锐化

首先讲解锐化选项，要做锐化处理，通常需要把照片放大来观看。比如对人像进行锐化处理，单击编辑工具 显示调整面板，展开"细节"选项卡，显示锐化调整参数，锐化中的"半径""细节"选项和 Photoshop中的使用方法相差不远，值得一提的是"蒙版"选项，按住Alt键可以拖动蒙版的滑块，向左边拖动滑块，数值比较小，就是白色区域大，而向右边拖动滑块，数值比较大，白色区域比较小，就是这个白色区域界定了当用户设定锐化参数时所影响到的区域。

当将"蒙版"选项数值设置为0时，然后把锐化数值设为100，放大照片可以看到，整体画面都被锐化处理了，如图2.29所示，这个肯定不是理想的效果，对于人像照片而言，人物面部通常希望是柔和的，可以按住Alt键拖动"蒙版"选项滑块，让白色线条覆盖希望锐化的地方，比如眉毛、睫毛及头发这些区域，观察画面可以看到，锐化只会作用于眉毛、睫毛及头发区域，而面部皮肤是比较光滑的，如图2.30所示。

图2.29

图2.30

接下来讲解"半径"选项，按住Alt键将"半径"数值设置为0，可以看到锐化区域旁边的对比是比较小的，如图2.31所示，当把"半径"数值加大时，会发现锐化范围在逐步扩大，睫毛和头发两边都有很明显的明暗出现了，如图2.32所示。

这也说明在锐化时，图像并不是平白无故地多出来很多细节，而是在稍微模糊的细节的边缘，通过增加白色和黑色来把细节衬托对比出来，所以，设置"半径"数值就是界定锐化边缘明暗对比区域的宽度。

图2.31

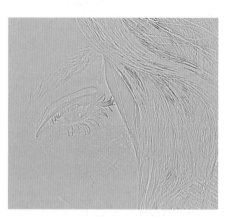

图2.32

如果将"细节"选项由0设置到100，会发现画面的细节明显增多，它跟锐化有一些相似，只是它也是介于蒙版的操作范围之内，如果希望画面的细节更加明显一点，就把"细节"的数值调大一些，此选项可以把它理解为调整得更加细微一些。

2.5.2　AI降噪

降噪处理有各种各样的方法，无非是想要提高照片的画质。当使用高感光度拍摄照片，或者长时间曝光拍摄照片时，噪点都是不可避免的，而且针对这样的噪点，即使在后期有多种降噪方法，但是降噪效果都不是很好。

而利用Camera Raw的AI降噪功能，可以得到几乎看不到噪点的画面。以如图2.33所示的照片为例，放大画面可以看出来，画面的噪点比较多，而如图2.34所示的照片为AI降噪后的效果，放大画面可以看出，画面的噪点都被消除，且画质较为优秀。

图2.33

图2.34

打开Camera Raw滤镜，单击编辑工具 ◈ 显示调整面板，展开"细节"选项卡，里面有一个"减少杂色"选项，如图2.35所示。

图2.35

单击"去杂色"选项，将显示"正在加载增强数据"提示框，当数据加载完成后，将

显示如图2.36所示的对话框，用户可以拖动滑块选择要降噪的百分比例，对话框下方会显示降噪预计时间，选择的降噪比例越高，耗时越久，然后单击"增强"选项，即可开始进行AI降噪处理，处理完成后将显示如图2.37所示的对比画面，此时右边的参数栏处也会出现"此照片已应用去杂色"的提示，如图2.38所示。

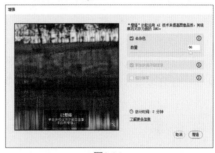

图2.36

图2.37

图2.38

如图2.39所示的为降噪50%和降噪100%的局部画面对比，如果不仔细观察，区别并不大，当然，也跟原片有一定的关系。如果原片噪点不多，自然区别不大；如果原片噪点特别多时，还是有所区别的。

图2.39

需要特别说明的是，AI降噪功能只对
RAW格式照片有效，如果打开一张JPEG格式
照片，在细节选项界面中，不会显示"减少杂
色"选项，即AI降噪功能不适用于JPEG格式
照片。

2.5.3 颜色

除了黑白噪点以外，照片中还有很多红
色、绿色噪点，当使用很高的感光度所拍摄出
来的照片，画面中红色、绿色噪点会很明显，
针对这类噪点可以使用"颜色"选项来消减。

如图2.40所示是处理之前的效果，如图
2.41所示是处理之后的效果，不过通过"颜
色"选项处理完以后，会对照片的细节有所影
响，用户可以通过设置下方的"细节"和"平
滑度"选项，来获得一个均衡的处理效果，如
图2.42所示。

图2.40

图2.41

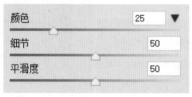

图2.42

在此面板中调整控件时，为了使预览更精
确，请将预览大小缩放到100%或更大。

2.6 Camera Raw的性能设置

在Camera Raw滤镜界面中，单击设置 ⚙
图标可以进入设置界面，在此界面中用户可以
对常规、文件处理、性能、默认值及工作流程
进行相关的设置，如图2.43所示。

图2.43

一般情况下，这些项目的设置可采用默认
设置，但是"性能"中的设置，在使用Camera

Raw滤镜处理照片时，比较影响电脑流畅度，值得用户了解一下。

在"性能"选项卡中，用户可以对使用的图像处理器和Camera Raw高速缓存的大小、位置进行设置，如图2.44所示。

图2.44

Camera Raw滤镜支持使用兼容的图形处理器（又称为视频适配器、视频卡或 GPU）来提高在以下操作时的速度。

- 细节增强：此功能在兼容系统上会自动实现 GPU 加速，不受 Camera Raw 首选项影响。

- 显示：优化 Camera Raw 将信息发送到显示器的方式，而且还支持动画缩放等功能。

- 编辑时的图像处理：使用Process Version 5的大多数调整都会由GPU加速。

- 打开并保存：在Camera Raw 16.0版本中，利用GPU加速，在处理渲染图像文件或发送到Photoshop的图像时，速度更快、效率更高。

在"图像处理器"选项的下拉列表中，可以选择"自定义"和"自动"两个选项，选择"自动"选项，则在上述情况下，自动使用GPU加速；选择"自定义"选项，可以勾选"为图像处理使用GPU（处理版本5或更高）"和"使用GPU 打开与保存"选项，即在进行图像处理时和打开与保存图像时，是否要使用GPU提升处理的速度。

另一个比较重要的设置就是"Camera Raw高速缓存"选项，在此可以设置缓存时最大存储空间和缓存位置。最大存储空间一般是根据电脑硬盘空间进行设置，如果电脑硬盘的空间富余，那么此处的大小可以设置大一些，比如设置为10GB，如果电脑硬盘空间较少，那此处的数值就需要设置小一点，缺点是容易缓存满，需要及时清空高速缓存。

缓存位置则建议选择剩余空间较多的硬盘，而不是C盘，设置在C盘会影响电脑和软件的运行速度，使得在处理照片时变得缓慢且容易卡顿。

第3章 Camera Raw
进阶功能

3.1　使用去除薄雾功能

如果想让图像有一些朦朦胧胧的效果，就可以把"去除薄雾"选项往负数调整，能够给图像增加一些雾气弥漫缭绕的效果，反之，如果想让图像变得更加清晰一点，则把"去除薄雾"选项往正数调整。在Camera Raw的调整面板中展开"效果"选项卡，即可显示"去除薄雾"选项，如图3.1所示。

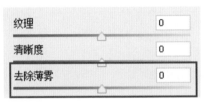

图3.1

"去除薄雾"的原理是什么呢？当我们在看一张有雾的图像时，会发现这张图像在通道里头，有雾的区域会发灰白，而没有雾的区域没有灰白。所以把这张图像的RGB三个通道里面最暗通道的像素全部都提炼到一个灰色的通道中去，它就形成了一个暗场通道，利用暗场通道反向推导，就是一个雾气的映射图。

通过算法，它实际上可以推导出一张雾气分布的灰度映射图，如图3.2所示。

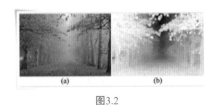

图3.2

图上灰度越灰越黑的地方，那么代表这里雾气就越大，而如果雾气比较小的地方，在这张映射图上面，它就是比较白的。利用这张图

像的算法，可以让图像中有雾气弥漫的地方，通过反向算法，然后把薄雾去除，也就是增强了那个像素所在位置它的颜色、饱和度及对比度。

对于实际应用者来说，一方面要知道去除薄雾，另一方面要知道增加薄雾，比如图3.3所示的这张图像，它实际上就是没什么气氛，虽然瀑布拍得还不错，但是在暗调和色彩方面都不太理想。

图3.3

首先色彩比较单调，其次画面明暗反差太大，所以对于这样的图像，肯定要做一些加工处理，这张图像处理的最好手段，实际上就是把它变成为黑白图像，在进行图像处理时，首先提亮黑色部分，然后在此基础上，又提亮阴影部分，从而让这张图像呈现一定的灰调。那么为什么要呈现一定灰调，这就要配合"去除薄雾"选项。

如果在这张图像中，把"去除薄雾"选项设置为0，整张图像就像一堆煤炭堆到一起一样，画面就没什么氛围感，如果把"去除薄雾"选项向负数调整为－52时，如图3.4所示，就会发现空气里好像弥散着一种水雾的感觉，这种弥散的水雾就能够让这张图像呈现出来雾气缭绕、湿润空气的那种现场氛围感。

图3.4

3.2 使用黑白混色器功能

"黑白混色器"起到的作用就是针对当前图像上希望黑白所分布的区域，对它原本的色彩来做处理。比如图3.5所示的这张图像，海面有一些绿，在这种情况下，就可以通过绿色的滑块来改变绿色像素所覆盖海面的明暗。同样道理，天空中的蓝色，如果希望它暗一点，就应该拖拽蓝色滑块，在处理的过程中，可以针对每一种颜色进行不同的精细调整。

图3.5

在Camera Raw中单击编辑旁边的"B&W"图标，将图像切换成黑白模式，如图3.6所示，然后展开"黑白混色器"选项卡进入参数设置界面，在此界面中可以把"蓝色"数值调整为负数，使其变深。同样道理，绿色的海面也给它做加深处理，如图3.7所示，从而让画面中的明暗对比更明显，再配合蒙版、曝光等细微调整，最终得到如图3.8所示的效果。

图3.6

图3.7

图3.8

3.3 使用修复工具处理瑕疵与杂物

在 Photoshop中常用污点修复画笔工具、修补工具来对人像照片进行斑点、痘印修除的操作，在Camera Raw滤镜中，其实也提供了修复工具，可以进行修补操作，在右侧工具栏中单击修复工具，此时在左侧的编辑栏中出现工具选择和参数设置界面，如图3.9所示。

图3.9

在此界面中，用户可以根据需要选择内容识别移除工具、修复工具及仿制工具，这些工具的使用方法与Photoshop中相应工具一样。"修复"编辑框中各参数的释义如下。

- 大小：用于调整工具的尺寸大小，按住鼠标右键不放拖动可以快速变大或变小。

- 羽化：羽化数值越大，修复的边缘越柔和、自然，羽化数值越小，修复的边缘会显得比较生硬。工具在画面中的状态是一个实心圆，一个虚线圆，两个圆中间区域就是羽化区域，按住Shift键的同时按住鼠标的右键并拖动鼠标，就能够快速改变羽化值的大小。

- 不透明度：可以灵活根据需要设置数值，使修复融合得更自然。

- 显示叠加：勾选此选项后，会显示指示图标，方便用户观察并修改。

- 使位置可见：无论是中性灰或者高低频画面，都会做一个观察图层。这个观察图层类似于可视化污点，通过这个可视化污点操作以后，可以帮助用户到皮肤

上那些不是很明显的斑点。将上面所指示的斑点修改完了以后，整体的修复也会变得精细。

修复工具只需简单一涂，画面中的斑点就都会被消掉，它的操作是自动的，也就是说单击选中一块以后，会自动根据所涂抹的区域，然后找到相似纹理的区域，将其复制过来进行修复还原。如图3.10为原图，如图3.11为修复后的效果。

图3.10

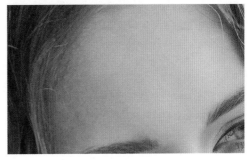

图3.11

3.4　使用裁剪工具约束照片比例

在Camera Raw滤镜中，在右侧工具栏中单击 ⛶ 图标，即为裁剪工具，此时在左侧的编辑栏中出现参数设置界面，如图3.12所示。

图3.12

- 预设：在下拉的列表中可以选择
  1×1 4×5/8×10、8.5×11、5×7、
  2×3/4×6、3×4、16×9、16×10及
  自定义比例等选项。如果一张竖向照
  片，想把它裁剪成手机屏保，就可以选
  择16×9或者16×10，当选择了1×1、
  5×7、2×3之类的固定比例，后面的锁
  定图标会显示锁住状态 🔒，代表选择的
  是默认内置比例。当点开锁定图标，就
  恢复到了自定模式，可以在这个基础上
  灵活拖拽裁剪框。

- 角度：调整数值可以对画面旋转相应的
  角度。在旋转操作时，还可以利用拉直
  工具 📐，比如在裁剪建筑照片、有明
  显海平面或地平线类型的照片时，利用
  此工具顺着地平线一拉，就能够起到一
  个自动纠正水平的作用，包括垂直校正
  也是一样的。

- 限制为与图像相关：如果将一张图像设
  置为限制为图像相关，当图像有一些拖
  拽变形时，只会在这个变形内部进行裁
  剪。比如对图像进行扭曲变形，如果没
  有勾选此选项，则图像外面会露着白
  边，如图3.13所示，但如果勾选了此选

项，裁剪框会缩到画面里头，如图3.14
所示，能够让裁剪减少一些误差。

图3.13　　　　　　　图3.14

- 旋转和翻转：提供了逆时针旋转 ↺、顺时
  针旋转 ↻、水平镜向翻转 ◁▷、垂直镜向翻
  转 ⬍，选择相应的图标即按该方向旋转或
  翻转画面。

3.5　使用配置文件校正画面光学问题

在Camera Raw滤镜中，有各个型号的相机
及镜头的一些配置文件，如图3.15所示，这些
文件到底有什么作用呢？实际上主要作用是解
码，它可以对佳能的CR2、CR3、尼康的NEF
的RAW格式进行解码，同样它也含有不同镜头
的配置文件。

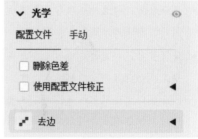

图3.15

比如用户使用尼康D850相机、14~24mm的镜头拍摄照片，由于现在的光学技术还是有限的，拍出来的照片必然会有各种各样的问题，如色差、桶状或枕状的畸变，那这些问题怎么解决呢？其实可以通过后期算法来反向递进推导过来的。比如已知在用14~24mm镜头时，它在最大的14mm广角端会有一些畸变，根据设计镜片时的一些光学透镜的相关数据，可以反向推导出来光线做一些怎样的校准，就能改变这些问题，反馈到Camera Raw滤镜中，其实就是配置文件。

图3.16所示是使用配置文件校正前的效果，图3.17所示是使用配置文件校正后的效果，通过对比可以看出，使用配置文件校正后，建筑的透视变形及阴影都得到了改善，所以当使用不同的相机、不同的镜头拍摄照片以后，一定要做光学校正的操作，让照片的品质得到最大化的提升。

图3.16

图3.17

对于手动中"扭曲度"选项的校准量，用户可以自由地去调整，希望照片拉升到什么样

的一个程度，调整到相应的数值就好。

"晕影"选项也一样，晕影其实就是一个暗角，希望照片是有暗角还是没有暗角效果，都是由用户把控的。

3.6　去除照片中的绿边或紫边

当利用合成HDR功能拍摄或者逆光拍摄照片时，除非使用的镜头特别好，它的色差还原能力特别好，否则大概率都会出现一个问题，就是物体边缘会出现紫边或者绿边。对于这种情况，就可以利用"光学"选项卡中的"删除色差"选项来去除绿边或紫边，界面如图3.18所示。

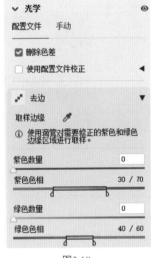

图3.18

除此以外，还可以利用"去边"功能来水消减照片的绿边或紫边。以图3.19的局部图示例，它在放大200%的情况下，窗户边缘的绿边和紫边非常地清楚，单击取样边缘的吸管工具对准绿边吸取一下，绿边就得到了有效改善，此时"绿色数量"选项的数值也发生了变化，在初始状态下，"绿色数量"数值是0，当吸

取一下后它的滑块位置会发生变化，如果吸取以后仍然还有色差，那就需要手动拖动"绿色数量"和"绿色色相"的滑块，来改变容差范围，容差范围越大，能够改善的绿边色彩跨度范围就越大，同样道理，按相同的操作步骤可以消减紫边，去除绿边和紫边后的效果如图3.20所示。

图3.19

图3.20

"数量"选项其实就是像素的宽度，"色相"选项是指定绿边或紫边的颜色跨度范围，如果绿边或紫边颜色越纯，就需要把这两个滑块移得越近，如果绿边或紫边不是很纯的颜色。那就可以把颜色跨度范围稍微拉大一点，这样就能取得不错的效果。

3.7 一次保存多个调整方案的快照功能

Camera Raw滤镜里有一个快照功能，与

Photoshop的快照功能基本一样，都是起到一个记录当前图像编辑状态的作用。

单击工具栏上的快照工具 ，然后单击创建快照图标 或单击鼠标右键选择"创建快照"选项就能创建一个快照，如图3.21所示。

图3.21

对希望尝试不同修片效果的爱好者来说，推荐使用快照功能，因为它是可以被保存起来的，当不需要某个快照时，直接单击鼠标右键删除就可以了。比如用户将照片调修出一张偏蓝色的效果，一张偏青色、整体发灰的效果，然后一张整体颜色非常淡的效果，就可以创建三个快照，这三个快照实际上是代表了三种不同的修图效果。同样道理，如果还希望有其他的效果，比如阴影区域提亮一点，饱和度提高一点，可以又创建一个快照。

如果想返回到某一个快照所记录的修片参数，只需单击一下该快照，所显示的参数反馈的就是当前图像效果所用到的参数，在这个基础上，用户可以继续对其进行调修，当调修完成后，在该快照名称上单击鼠标右键，选择"使用当前设置更新"选项，即可将这个快照更新到最新的状态，所以快照功能还是挺好用的。

使用快照还有一个优点，就是在关闭图像以后，再重新打开它，快照所记录的信息仍然是存在的，这就相当于在一张RAW照片里存储了好几个修片版本，当给不同用户或客户看时，就随便选择一个他们所需要的效果去打开对象，这时所反馈出来的就是当前快照所展现的效果，也就是说一张照片可以利用快照功能快速地输出成不同的效果。

3.8　使用预设功能快速得到多种调整效果

修片预设功能好不好用？编者建议偶尔可以用，但在修片过程中，如果想靠某个修片预设来达到一模一样的效果，几乎不太可能，用同样的修片预设只能达到近似，但是修片预设可以给用户提供了一个比较良好修片基础。

单击Camera Raw滤镜工具栏上的预设工具 ，即会显示Camera Raw滤镜默认搭载的不同修片预设，有自适应类、人像类、风格类、主题类、创意、黑白等分类，每个分类下包含有N种修片预设，用户可以根据照片的风格或修片意向来选择相应的预设，如图3.22所示。除了自带的预设，还支持用户添加自己喜欢的其他预设。

▶ 自适应：人像
▶ 自适应：天空
▶ 自适应：主体
▶ 人像：深色皮肤
▶ 人像：中间色皮肤
▶ 人像：浅色皮肤
▶ 肖像：黑白
▶ 肖像：群组
▶ 肖像：鲜明
▶ 风格：电影
▶ 风格：复古
▶ 风格：未来
▶ 季节：春季
▶ 季节：夏季
▶ 季节：秋季
▶ 季节：冬季
▶ 视频：创意
▶ 样式：电影感 II
▶ 样式：黑 & 白
▶ 主题：城市建筑
▶ 主题：风景
▶ 主题：旅行
▶ 主题：旅行 II
▶ 主题：生活方式
▶ 主题：食物
▶ 主体：演唱会
▶ 自动+：复古

图3.22

对于绝大多数的普通爱好者修片来说，预设就类似于手机各种修图App中的滤镜一样，在修片时，可能并不太清楚自己这张照片应该修成什么样，那么在打开一张照片以后，挨个儿去点一点预设选项，总能找到一个很喜欢的色调，这就达到修片目的了。

总结起来，Camera Raw滤镜中的预设有两种作用，第一种作用就是能给用户一个修片基础，在这个基础上，可以对参数做进一步的处理，第二种作用就是选择一个自己喜欢的颜色，然后直接出片，或者这个基础上，简单地做一些饱和度、色相等修饰处理，这样修改出来的照片也能够得到满意的效果。图3.23所示是原片，图3.24所示是应用"人像：浅色皮肤"类目下的"PL06"后的效果。

图3.23　　　　　　　　图3.24

3.8.1　掌握三类自适应预设的使用方法

这小节内容讲解一下Camera Raw 15.4的新功能——自适应预设。

单击预设工具 显示预设面板，即可看到自适应预设。自适应预设包括人像、天空和主体三大类型，每个类型下包括多个预设，比如在自适应：人像类型下，有增强人像、魅力人像、精美人像、美白牙齿、顺滑头发等11种预设，如图3.25所示。

用户可以根据照片的风格，选择相应的预设应用，如图3.26所示应用"坚毅人像"预设后的效果，如图3.27所示应用"纹理头发"预设后的效果，每种预设都可以在上方的滑块中选择预设的应用程度，如图3.28所示。

图3.25

图3.26　　　　　　图3.27

图3.28

应用自适应预设后，如果切换至蒙版界面，可以发现会创建相应位置的蒙版。比如应用"自适应：天空"中的预设后，会在蒙版中创建一个天空蒙版，如图3.29所示，用户可以

修改天空的色彩或层次，使其与素材照片更好地融合。

图3.29

除此之外，自适应预设的效果还可以叠加，如图3.30所示，是应用了"自适应：主体"类型中的"暖色流行"预设，发现应用后的效果还不够强烈，此时除了拖动上方的预设滑动来增强效果外，还可以在蒙版界面中找到应用预设时所创建的蒙版，单击鼠标右键，选择复制"暖色流行"选项，如图3.31所示，相当于叠加一次预设应用效果，这样画面效果就增强了，如果不满意，可以再次复制，直至得到想要的效果，如图3.32所示为叠加一次预设后的效果。

图3.30

图3.31

图3.32

下面通过一个简单的案例，讲解自适应预设的应用。

01 打开素材文件夹"第 3 章 /3.8.1- 素材"，如图 3.33 所示，以启动 Camera Raw 滤镜。

图3.33

02 素材照片左上角有多余的树枝，影响画面整体观感，需要将其去除。单击选择修复工具 🖌️，选择内容识别移除工具 🩹，对画面中的树枝进行涂抹后，能得到如图 3.34 所示的效果。

图3.34

提 示

　　如果在应用自适应预设后，再使用内容识别移除工具修除树枝，就会出现如图3.35所示的效果，因为此时的修除是在自适应的基础上

操作的，就会出现差错，所以一定要在原图上先进行杂物修除工作。

图3.35

03 接下来找一个适合画面的自适应预设，单击预设工具 ⊚ 显示预设面板，展开"自适应：天空"预设列表，选择"暗色戏剧"预设，如图 3.36 所示，应用预设后的图像如图 3.37 所示。

图3.36

图3.37

04 接下来展开"自适应：主体"预设列表，选择"发光"预设，如图 3.38 所示，应用预设后的图像如图 3.39 所示。

图3.38

图3.41

图3.39

⑤ 单击蒙版工具 🔘，切换至蒙版界面，可以
发现在蒙版中已经创建了一个天空蒙版和
一个主体蒙版，如图 3.40 所示。

图3.40

⑥ 最后修复天空中一些瑕疵，让云彩变得更
完美，单击选择修复工具，对天空的缺陷
区域进行涂抹，直至得到如图 3.41 所示的
最终效果。

3.8.2 使用自适应蒙版跨文件批量调整照片技法

当需要对多张相同场景不同角度拍摄的照
片应用自适应预设时，如果一张一张地选择自
适应预设进行应用，处理的时间会很久，效率
会太低，其实Camera Raw提供了跨文件复制自
适应预设蒙版的功能，这样操作可以大大提升
工作效率。

想将自适应预设蒙版复制到其他相同场
景的照片，需要先对一张照片选择预设进行
应用，如图3.42所示是主体应用"流行"预
设、天空应用了"霓虹灯热带"预设，通过
蒙版界面可以看到所创建的两个蒙版，如图
3.43所示。

图3.42

图3.43

选择该张应用预设后的照片，单击缩略图上的三个小圆点，在弹出的列表中选择"复制选定编辑设置"选项，如图3.44所示。

图3.44

在弹出的对话框中勾选蒙版，展开蒙版下拉列表，即可显示第一张图所创建的蒙版，单击"拷贝"选项，如图3.45所示。

图3.45

切换选择第二图，单击缩略图上的三个小圆点，在弹出的列表中选择"粘贴有关编辑方面的设置"选项，如图3.46所示，这样第二张图就应用了相同的预设。按同样的操作，依次复制预设蒙版到其他照片，如图3.47所示是三张照片都应用预设后的效果。

图3.46

图3.47

3.9　使用曲线时合理设置优化饱和度功能

这节内容讲解一下Camera Raw的"优化饱和度"功能。当使用曲线调整画面的亮度和对比度时，不可避免地会影响画面的饱和度，当一张图像变亮时，色彩饱和度自然会变淡，当压暗一张图像时，色彩饱和度自然会加深，在这种情况下，就可以使用"优化饱和度"来优化画面的色彩。

如图3.48所示，调整曲线后，"优化饱和度"选项设置为"0"时的效果，如图3.49所示的调整曲线后，"优化饱和度"选项设置为"100"时的效果。

图3.48

图3.49

通过上面的对比，应用"优化饱和度"后的画面，画面色彩有明显提升。不过此功能仅在使用亮度曲线时有效，如图3.50所示。使用阴影/高光、红、绿、蓝通道调整曲线时，不会显示"优化饱和度"选项。

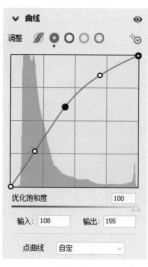

图3.50

3.10 用增加噪点功能提升照片各个部分匹配度

第二章讲解了如何对照片进行降噪，这一节来讲解如何对照片增加噪点。

什么情况下需要增加噪点呢？一般在想要模拟胶片的颗粒感时，在画面中增加噪点。还有一种情况是利用Photoshop的AI扩展功能，扩展照片的画面，扩展后的画面噪点出现与原图不匹配时，如图3.51所示，此时就可以对画面添加噪点使画面的纹理与质感统一起来。

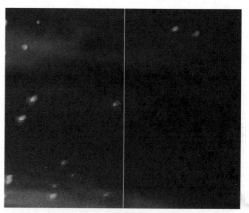

图3.51

对照片进行增加噪点，不限制照片格式，RAW和JPEG格式都行，为了让编辑更灵活，在处理JPEG格式照片时，建议先将其转换为智能对象图层，然后再打开Camera Raw滤镜。

在Camera Raw滤镜的调整面板中展开"效果"选项卡，通过调整"颗粒""大小"和"粗糙度"选项数值，如图3.52所示，来控制噪点的效果。

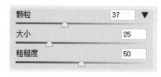

图3.52

如果是对AI扩展画面的照片添加噪点，直接调整参数，会作用于整张照片，而非AI扩展出来的画面区域。在处理此类照片时，方法一是先使用Camera Raw滤镜中的蒙版功能，将AI扩展出来的画面区域创建一个蒙版，使噪点只作用于此区域。方法二是在Camera Raw滤镜中添加噪点后，然后在Photoshop中，为该照片添加图层蒙版，将原先的图像范围填充为黑色，即隐藏该区域的噪点效果。如图3.53所示是原片效果，如图3.54所示是AI扩展画面后并应用噪点后的效果。

图3.53

图3.54

3.11　用镜头模糊功能虚化背景或前景

在Camera Raw 16.0版本中，增加了AI技术的新功能——镜头模糊。使用此功能可以调节照片的景深，从而模拟出虚化背景或前景的效果。

在Camera Raw 16.0滤镜中打开一张素材图像，然后单击"编辑"工具，再展开"镜头模糊"选项卡。

单击鼠标左键勾选"应用"选项，软件会自动识别主体并应用模糊效果，如图3.55所示是原图，图3.56所示是应用镜头模糊后的效果，通过对比可以看出，自动识别主体进行虚化的准确度还是非常高的。

图3.55　　　　　　　　　图3.56

自动应用结束后，可以激活下方的选项，如图3.57所示。

图3.57

在"模糊量"选项中，拖动滑块可以调整模糊效果的程度，数值越大，模糊程度越强，反之，则虚化程度越弱。

在"散景"选项中，可以选择"圆形""泡泡""叶片""环形"或"猫眼"的样式。

在"焦距范围"选项中，单击🔲图标，由Camera Raw滤镜自动识别主体进行虚化，单击⊕图标，则可以拖动下方的颜色框，手动选择焦点范围（即清晰的范围），如图3.58所示。

图3.58

如果勾选了"可视化深度"选项，则可以以色彩标识清晰与虚化的区域，如图3.59所示，黄色标识范围是清晰区域，紫色标识范围是虚化区域，偏粉紫色标识范围表示靠近清晰区域，用户通过色彩标识来了解虚化的范围。

如果发现有些区域没有被虚化，或者应该清晰的地方被虚化了，可以单击下方的"聚焦"或"模糊"画笔，并设置合适的模糊量、画笔大小、羽化及流动数值，如图3.60所示，对相应的区域进行涂抹，如图3.61所示是将左侧一处黄颜色标识的区域用"模糊"画笔涂抹后的效果。

图3.59

图3.60

图3.61

背景模糊功能的第一种适用情况是用小光圈拍摄的照片来模拟虚化前景或背景的效果，因为小光圈拍摄的照片，清晰的范围较大，用此功能来模拟虚化前景或背景的空间也比较大。

背景模糊功能的第二种适用情况是，前期拍摄时因镜头限制或环境限制，使得背景虚化效果不明显，那么就可以通过此功能来进一步虚化背景，使主体更为突出。

3.12 用点颜色快速调整画面色彩

在Camera Raw 16.0版本的"混色器"选项卡中，新增了"点颜色"功能，展开"混色器"选项界面，切换选择"点颜色"选项，单击选择吸管工具，对照片中想要取样的色彩点一下，就会识别该颜色，如图3.62所示。

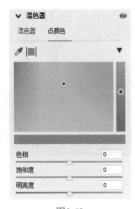

图3.62

图3.65

以如图3.63所示的图为例，想要将绿叶改变颜色，那么就对绿叶取样，然后调整下方的色相、饱和度和明亮度数值，比如色相数值向左拖动，饱和度和明亮度数值向右拖动，以提高色彩饱和度和明亮度，就能得到如图3.64所示的效果。

图3.63　　　　　　图3.64

但有时色彩的范围选择得不理想，此时可以通过调整下方的"色相范围""饱和度范围"调整取样色彩的范围。

如果发现照片中阴影区域的色彩比较深，此时可以调整"亮度范围"滑块，使阴影处的颜色也呈现为发黄的效果。面板调整后的效果如图3.65、图3.66所示

图3.66

点颜色的优点是可以快速调整某一处色彩，缺点是没法像"色相"一样，大幅度改变色调，比如将绿色变成红色或青色，而只能在邻近色中进行选择。当然，当在点颜色中取样了某一种颜色并进行调整后，再配合混色器中的色相、饱和度和明度选项，拖动相应的颜色选项，就能进一步增强色调，如图3.67所示是在图3.66的基础上，再在"混色器"中调整数值后的效果。

图3.67

3.13 理解并掌握蒙版功能的用法

3.13.1 自动选择主体

在Camera Raw滤镜13.0以上的版本中，它的蒙版功能分为两部分，第一部分是自动选择，可以自动选择主体、天空和背景，第二部分是手动选择。

在Camera Raw滤镜中打开如图3.68所示的人物照片，单击工具栏中的蒙版工具 🖲，然后单击"主体"选项，如图3.69所示。

图3.68

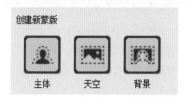

图3.69

经过自动识别，画面中的人物及座椅的一小部分被红色覆盖住了，在这个基础上做手动调整，就可以得到一个人形的选区，如图3.70所示。

图3.70

通过示例可以知道，如果画面中有非常典型的人物或者比较清晰的人物，自动创建的选区大部分比较准确。当自动识别完成以后，会自动弹出蒙版的控制面板，如图3.71所示，在面板中，用户可以根据自己的需要设置叠加颜色为绿色、蓝色、红色，然后显示或者隐藏。

图3.71

如果单击面板右下角的三个点 ⋯，可以以更多的方式来帮助用户判断到底选择了哪里，如图3.72所示。比如设置为没有被选择中的区域，都显示为黑白、黑色或白色。利用黑白对比的形式来帮助用户更好地观察所识别的区域。

图3.72

通过观察明暗对比图，可以将识别到的多余区域或者没有识别到的区域，选择"减去"或"添加"选项，在显示的列表中选择画笔工具，手动减去或添加选区，从而得到精确的选区效果。

3.13.2　自动选择天空

上一小节讲解了选择主体的操作方法，这一节讲解选择天空的操作方法。

在Camera Raw滤镜中，单击工具栏中的蒙版工具 ，然后单击"天空"选项，即可对当前打开的照片进行自动识别天空，与识别主体不同，识别天空的准确率要高，大部分情况下，经过运算以后，可以得到一个相对精确的选区。笔者建议选择"黑白图像"模式来进行预览，在这种预览模式下，显示为白色的区域表示100%被选中了，而灰色区域表示部分被选中，黑色区域表示完全被选中，用户能够非常准确地判断出选区在哪些地方。

以图3.73所示的照片为例，它的云彩其实也算天空，但是自动选择后，这部分区域没有过多被选择中，如图3.74所示，通过这样的对比，用户就能够看得特别精确，当然，这个选择已经非常不错了，通过简单地对天空选区调整白平衡或者饱和度，就能得到不错的效果。

图3.74

下面以图3.75所示的照片为例，看一下使用慢速快门拍摄的照片，自动选择天空的准确率。

图3.75

如图3.76所示为选择天空后的效果，可以看出即使画面中物体一定的模糊效果，也是做出了非常准确的选择，包括非常细的钢丝线，通过这个前后对比，能体现出AI人工智能的计算的强大之处。然后就可以在这个基础上，在右侧参数栏中，调整色温数值对天空进行色彩处理。

图3.73

图3.76

在当前情况下，实际上已经得到了天空的选区，如果想要调修地面怎么办？在"蒙版1"面板上单击鼠标右键，选择"复制'蒙版1'"选项，然后单击鼠标右键，选择"反相"选项，即为选中地面景物了，然后将色温调向暖色调，曝光稍微提升一些，通过这么快速的调整，这张照片基本上就可以了，调修后效果如图3.77所示。

图3.77

3.13.3 自动选择背景

在Camera Raw滤镜中，单击工具栏中的蒙版工具 🔘，然后单击"背景"选项，即可对当前打开的照片进行自动识别背景，与识别天空不同，识别背景可以包括但不限于天空背景，以图3.78所示的照片为例，进行自动识别背景操作后，天空、海面和地面均被选中了，如图3.79所示。

图3.78

图3.79

下面以图3.80所示背景较为复杂的照片为例，来看一看自动选择背景的准确性。如图3.81所示为自动识别背景、并将叠加颜色设置为蓝色以后的效果，通过画面可以看出，背景中的荷花和草丛都被选中，但是模特手中拿着的荷花的叶柄部分也被选中了，还有前景处的荷花也被选中了，在这种情况下，还需要手动减去这些区域的选择。不过总体而言，自动识别背景的准确率还是非常高的。

图3.80

图3.81

3.13.4　物体蒙版

从Camera Raw 15.4开始，在蒙版中提供了物体蒙版，如图3.82所示。单击"物体"选项后，会显示如图3.83所示的参数界面。

图3.82　　　　　　图3.83

创建物体蒙版有两种操作方法，第一种是单击选择画笔工具 🖉，大致涂抹物体的区域，会自动创建一个比较精确的蒙版，如图3.84所示。

图3.84

第二种是单击选择矩形工具 ▣，框选住画面中的物体，会自动创建一个精确一些的蒙版，如图3.85所示。

图3.85

使用第一种方法灵活度高一些，但会存在漏选的情况，通过图3.84可以看出，鸟的翅膀和肚子有一部分没有被选中；而使用第二种方法更为快捷，但同样存在漏选情况。

除了这两种方法外，单击创建新蒙版图标 ➕，在弹出的列表中选择"选择主体"选项，也能比较完美地创建蒙版，如图3.86所示。

图3.86

下面简单讲解一下物体蒙版的应用。

01 打开随书所附素材"第 3 章 \3.13.4-素材 .cr2"，如图 3.87 所示，以启动 Camera Raw 滤镜。

图3.87

② 单击蒙版图标🔘，选择"物体"选项，进
入蒙版参数栏，选择矩形工具🔲框选水鸟，
创建得到蒙版 1，如图 3.88 所示，图像效
果如图 3.89 所示。

图3.88

图3.89

③ 创建的物体蒙版水鸟有一区域没有被选
中，需要将此区域添加进蒙版。单击蒙版
面板中的"添加"选项，在弹出的列表中
选择"画笔"选项，如图 3.90 所示，对未
选中的区域进行涂抹，得到如图 3.91 所示
的效果。

图3.90

图3.91

④ 单击创建新蒙版图标➕，在弹出的列表中
选择"线性渐变"选项，如图 3.92 所示。
在水面区域由下至上拉出一个如图 3.93 所
示的渐变蒙版，即蒙版 2。

图3.92

图3.93

⑤ 接下来要减去主体，单击蒙版面板中的"减去"选项，在弹出的列表中单击"选择主体"选项，如图 3.94 所示，将鸟儿从蒙版 2 中减去，如图 3.95 所示。

图3.94

图3.95

⑥ 此时可以调整水面的色彩了，下拉参数栏，展开"颜色"选项界面，调整参数如图 3.96 所示，得到如图 3.97 所示的效果。

图3.96

图3.97

⑦ 还可以调整水鸟羽毛的锐度，切换选择"蒙版 1"，然后下拉参数栏，展开"细节"选项界面，调整参数如图 3.98 所示，图 3.99 所示为调整锐度后的局部效果，最终的整体效果如图 3.100 所示。

图3.98

图3.99

图3.100

3.13.5 人物蒙版

Camera Raw15.4版本提供了强大的人物蒙版功能，可以根据人物的各个部位，自动生成蒙版，如头发、皮肤、衣服等部位的蒙版，方便用户选择相应的蒙版做调整，而不用像以往的版本，一一手动去创建蒙版。

单击蒙版工具 🔘，进入蒙版界面，下方会显示人物选项，此时软件会自动识别人物，单击一下人物缩略图，可以展开面板，下方会显示蒙版类型，如图3.101所示，用户可以根据需要勾选相应的部位蒙版。

一般推荐把所有的选项都选中，然后勾选下方的"创建N个单独蒙版"选项，再单击创建图标，这样就可以一次性把人物图像中的各个部位全部创建了蒙版，方便接下来的操作，如果想要对眼睛进行修饰处理，选择眼睛蒙版即可。

图3.101

如果不需要单独对某一部位进行修饰，而是需要整体修饰，则可以不勾选下方的"创建N个单独蒙版"选项。以图3.102所示的人物为例，需要对脸部整体提亮，在创建蒙版时，除了服饰和头发不选择，其他的选项都要勾选，然后单击创建，得到一个蒙版，如图3.103所示，接着在调整曝光数值提亮皮肤时，就统一且快速，调整后的效果如图3.104所示。

图3.102　　　　图3.103

图3.104

下面讲解在Camera Raw15.4中创建头发蒙版，与在Photoshop中利用"选择并遮住"功能选择头发的效果对比。

这两个功能哪个强哪个弱，在此简单对比一下，以图3.105所示的照片为例，在Camera Raw15.4的人物蒙版选项界面中创建一个头发蒙版，如图3.106所示。

图3.105

图3.106

通过观察图3.106所示的蒙版效果，可以看出来人物大部分头发呈现为红色，表示被选中，少部分有些灰色的，表示没有被选中。

而在Photoshop中利用"选择并遮住"功能，选中头发的效果如图3.107所示，可以看出来，下方的头发与背景混在一起，没有区分开来。

图3.107

当然，在Photoshop中利用通道功能，能够更好地分离出头发与背景，但是此方法比较复杂，对于不了解通道原理的用户来说，还是在Camera Raw15.4一键创建头发蒙版更为方便、快捷。通过上面的对比，针对头发的选择，建议在Camera Raw15.4中创建蒙版并进行调整。

3.13.6 色彩范围

下面讲解蒙版功能中"色彩范围"选项的用法。

以图3.108所示的照片为例，如果想将前景中两棵偏黄一点的树创建选区，首先就需要对其进行色彩对比。

图3.108

打开Camera Raw滤镜，单击工具栏中的蒙版工具 ◉，然后单击选择"范围"选项，在弹出的列表中选择"色彩范围"选项，如图3.109所示。

图3.109

对偏黄的树木点一下，被选中的区域即变为白色，设置右侧参数栏中"调整"数值，如图3.110所示，可以更精准地框选出树木，如图3.111所示。

图3.110

图3.111

 提 示

如果自己的预览图像跟此处不一致，可以单击 ⋯ 图标在显示的列表中选择"白色叠加

于黑色""自动切换叠加"和"显示图钉和工具"选项。选择"白色叠加于黑色"的优点就是白色代表选中的区域，黑色代表没有选中的区域，灰色代表没有选中特别彻底，有一定透明度，这样的黑白对比能让预览一目了然。

3.13.7 亮度范围

下面讲解蒙版功能中"亮度范围"选项的用法。

仍以上一小节的照片为例，在Camera Raw滤镜，单击工具栏中的蒙版工具 ◉ ，然后单击选择"范围"选项，在弹出的列表中选择"亮度范围"选项，如图3.112所示。

图3.112

对画面中的湖面单击一下，白色区域代表被选中，通过右侧的"选择明亮度"选项，如图3.113所示，可以调整明亮度容差，来更好地控制选区。比如想要选中亮一点的区域或者选择暗一点的区域，就扩大或缩小它的范围，然后还可以去控制渐变范围，如果将左右两边白色拖得越长，代表渐变范围向外扩展的羽化的范围就更加大，反之，就更加精确和小一些，效果如图3.114所示。

图3.113

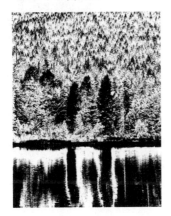

图3.114

3.13.8　画笔

下面讲解在蒙版功能中利用"画笔"涂抹创建选区的操作方法。

以图3.115所示的照片为例，在Camera Raw滤镜，单击工具栏中的蒙版工具 🞷，然后单击选择"画笔"选项，如图3.116所示。

图3.115

图3.116

在画笔面板中，用户可以调整画笔的大小、羽化、流动和浓度选项，如图3.117所示，这些都与Photoshop中画笔工具用法一致，值得一提的是"自动蒙版"选项，如果勾选了"自动蒙版"选项，它能够依据画笔带过的区域创建一个更加精确的蒙版，比如用画笔沿着沙漠的边缘绘制，则绘制的区域不会超出沙漠的边缘，因为沙漠边缘跟其他区域相差非常多，所以自动蒙版功能能帮助用户判别图像的边缘在什么地方，从而得到非常精确的选区，也容易控制，如图3.118所示。

图3.117

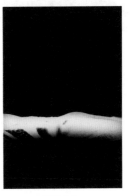

图3.118

3.13.9 径向渐变与线性渐变

在Camera Raw滤镜中，单击工具栏中的蒙版工具 ◉，然后单击选择"径向渐变"或"线性渐变"选项，如图3.119所示，即可调出径向渐变或线性渐变的参数栏。

图3.119

径向渐变很容易理解，选择"径向渐变"选项后，对画面中需要创建径向渐变的区域拖拽，即可创建出类似如图3.120所示的选区。

图3.120

此时可以通过右侧的参数选项，如图3.121所示，来调整该选区内的曝光、颜色、效果及细节等，图3.122所示为调整曝光+4后的效果。

图3.121　　　　　　　　图3.122

"线性渐变"的操作方法、控制参数与"径向渐变"相同，不同的是，它创建的区域是从上到下的渐变范围，如图3.123所示，这种渐变方式常用于调修天空景物与地面景物曝光相差明显的照片，通过在天空或地面区域创建一个选区，来进行局部的调修处理，如图3.124所示为增加天空区域曝光亮度后的效果。

图3.123　　　　　　　　图3.124

第4章 Camera Raw 功能技法应用

4.1 用蒙版功能制作油画风格儿童照片

本案例讲解在Camera Raw滤镜中，利用蒙版功能，综合调修室内儿童照片，包括调整头发、柔滑皮肤、提亮眼睛、修饰面部使其变立体及添加光效等复杂的选区操作，使照片最终呈现出油画般的效果。

① 在 Photoshop 中打开素材文件夹中的"第4章 \4.1- 素材 .jpg"，如图 4.1 所示，选择背景图层，单击鼠标右键选择"转换为智能对象"选项，然后执行"滤镜"|"Camera Raw滤镜"命令，以打开Camera Raw 滤镜。

图 4.1

② 稍微放大素材照片，首先给照片做一个主体的控制，单击工具栏中的蒙版工具 ⬤，然后单击选择"主体"选项，以自动创建一个基于主体的蒙版选区，如图 4.2 所示。

图 4.2

③ 接下来对蒙版选区的图像做修饰处理，在"亮"选项卡中适当提升"曝光"选项的数值，使皮肤显得通透一些，如图 4.3 所示。然后在"效果"选项卡中降低"纹理"和"清晰度"选项的数值，如图 4.4 所示，使皮肤变得柔滑，头发也不显得那么毛躁，调整后的效果如图 4.5 所示。

图 4.3

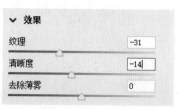

图 4.4

图 4.5

④ 接下来需要对手部进行提亮和提升立体感处理，单击"创建新蒙版"选项，选择"画笔"选项，设置"画笔"的参数，如图 4.6 所示，然后用画笔将手部的受光区域涂抹选中，如图 4.7 所示。

图 4.6

图 4.7

⑤ 展开"亮"选项卡，调整"曝光"选项的数值，如图 4.8 所示，以提升上一步手部蒙版区域的亮度，得到如图 4.9 所示的效果。

图 4.8

图 4.9

⑥ 继续用画笔涂抹的方式，对面部的受光面、手掌的受光区域、衣服等进行涂抹，让这些区域稍微提亮一些，得到如图 4.10 所示的效果。

图 4.10

提 示

在涂抹手掌受光区域和衣服时，可以适当减少画笔的"流动"选项数值，让画笔的作用降低一些。

⑦ 单击"创建新蒙版"选项,选择"画笔"选项，以创建蒙版 3，针对头发区域提升质感和光泽感，设置画笔参数并勾选"自动蒙版"选项，如图 4.11 所示。用画笔涂抹头发的受光亮，如图 4.12 所示。

图 4.11

图 4.14

09 接下来针对头发调整色彩，先单击"创建新蒙版"选项，选择"色彩范围"选项，对头发区域单击吸取颜色，然后设置"调整"数值为 35，得到如图 4.15 所示的效果。

图 4.12

08 展开"亮"选项卡，调整"曝光"和"高光"选项的数值，如图 4.13 所示，以提升这部分区域的光泽感，然后用画笔把头发的其他小的受光面也依次涂抹一下，得到如图 4.14 所示的效果。

图 4.15

10 观察上图可以看出，头发的选取范围过大，需要减去不需要的范围，单击"减去"选项，选择"画笔"选项，设置画笔参数如图 4.16 所示，用画笔将头发以外的区域都减去，得到如图 4.17 的选区。

图 4.13

图 4.16

图 4.17

⑪ 展开"颜色"选项卡，分别调整"色温"数值，如图 4.18 所示，从而让头发的颜色更加金黄一些，如图 4.19 所示。

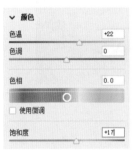 

图 4.18　　　　　图 4.19

⑫ 展开"亮"选项卡，适当减少"曝光"数值如图 4.20 所示，让头发的颜色更加好看一些，如图 4.21 所示。

图 4.20　　　　　图 4.21

接下来针对小兔子进行修饰处理，为了让整个画面显得更加童话一些，小兔子的颜色需要处理得白一些。

⑬ 单击"创建新蒙版"选项，然后单击选择"选择主体"选项，以创建蒙版 5，然后单击

主体 1 边上的三个点图标，选择"蒙版交叉对象"-"径向渐变"选项，如图 4.22 所示，然后对小兔子画一个圈，只选中小兔子，如图 4.23 所示。

图 4.22

图 4.23

⑭ 展开"颜色"选项卡，调整"色温"数值为 -23，让小兔子变得更白一些，展开"效果"选项卡，调整"纹理"和"清晰度"的数值，然后展开"细节"选项卡，调整"锐化程度"的数值，如图 4.24 所示，调整后的效果如图 4.25 所示。

图 4.24　　　　　图 4.25

⑮ 观察图像发现小兔子耳朵有点偏黑，展开"亮"选项卡，适当提升"阴影"和"黑色"的数值，如图 4.26 所示，调整后的效果如图 4.27 所示。

图 4.26　　　　　图 4.27

⑯ 接下来对女孩的眼睛部分做调整。单击"创建新蒙版"选项，然后单击选择"径向渐变"选项，创建一个选中眼睛的渐变圆框，如图 4.28 所示。

图 4.28

⑰ 展开"亮"选项卡，分别调整"曝光""对比度"和"黑色"的数值，如图 4.29 所示。展开"效果"选项卡，调整"清晰度"的数值，如图 4.30 所示，调整后的效果如图 4.31 所示。

图 4.29　　　　　　图 4.30

图 4.31

⑱ 在选中眼睛径向渐变框的情况下，单击鼠标右键，选择"复制径向渐变 1"选项，将复制出来的径向渐变框覆盖到另一只眼睛上，这样上一步所调整的参数就应用到另一只眼睛上了。如图 4.32 所示。

图 4.32

⑲ 接下来，要增强背景左上角的光影效果。单击"创建新蒙版"选项，然后单击选择"径向渐变"选项，创建一个狭长的椭圆形渐变框。放置的位置与角度如图 4.33 所示。

图 4.33

㉔ 分别调整"曝光"和"色温"选项，如图 4.34
所示，得到如图 4.35 所示的效果。

图 4.34　　　　　　　图 4.35

㉑ 通过上面的效果可以看到，光束覆盖在人
物和小兔子面部上了，需要将覆盖脸部的
区域去除。单击"减去"选项，然后选择"选
择主体"选项，得到如图 4.36 所示的效果。

图 4.36

㉒ 在蒙版 7 面板中选择"径向渐变 1"，然

后单击鼠标右键，选择"复制径向渐变 1"
选项，适当调整复制出来的径向渐变框的
大小和位置，使光束形成面的感觉，得到
如图 4.37 所示的效果。

图 4.37

㉓ 观察上一步的效果图可以看到，女孩右下
角的床单也有被光整覆盖住，需要减去这
一部分，单击"减去"选项，再选择"画笔"
选项，适当调整画笔的大小，将覆盖光束
的床单部分涂抹掉，如图 4.38 所示。

图 4.38

㉔ 接下来需要模拟出逆光下，毛发边缘发光
的效果，单击"创建新蒙版"选项，然后
选择"画笔"选项，适当调整画笔的大小，
用画笔对光束所在的毛发边缘进行涂抹，
如图 4.39 所示。

图 4.39

㉕ 经过上一步的选择后，还需要得到一个精确的选区，在蒙版 8 下面的画笔 1 旁边的三个小点图标，选择"蒙版交叉对象"-"选择主体"选项，得到如图 4.40 所示的选区。

图 4.40

㉖ 分别调整"曝光"和"色温"选项，如图 4.41 所示，然后调整"效果"选项卡中的"去除薄雾"数值，如图 4.42 所示。

图 4.41　　　　图 4.42

㉗ 此时还可以通过修改选区来减少毛发边缘的发亮范围，单击"减去"图标，选择"画笔"选项，用画笔涂抹掉不需要的区域，得到如图 4.43 所示的效果。

图 4.43

㉘ 最后在编辑中，对画面整体适当调整曝光和阴影的数值，如图 4.44 所示，最终的效果如图 4.45 所示。

图 4.44

图 4.45

4.2　使用人像蒙版磨皮、美化面部

本案例讲解在Camera Raw滤镜中，利用人物蒙版功能创建蒙版，然后对人物进行磨皮、美化的修饰处理。

①　在 Photoshop 中打开素材文件夹中的"第 4 章 \4.2- 素材 .jpg"，如图 4.46 所示，选择背景图层，单击鼠标右键选择"转换为智能对象"选项，然后执行"滤镜"|"Camera Raw 滤镜"命令，以打开 Camera Raw 滤镜。

图 4.46

②　在创建蒙版前，需要对照片处理流程有一个规划，对于本案例的素材照片，首先要处理的是面部和身体的皮肤，需要创建一个选中整个人物的蒙版。单击蒙版工具，进入蒙版界面，确保勾选"整个人物"选项，如图 4.47 所示，然后单击创建图标，得到蒙版 1，如图 4.48 所示。

图4.47　　　　　图4.48

③　由于只需调整人物皮肤，所以需要减去人物头发和衣服区域。在选中蒙版 1 的状态下，单击减去图标，在弹出的列表中单击"选择人物"选项，如图 4.49 所示，跳转到人物蒙版界面，勾选头发选项，再单击创建，此时人物头发不在蒙版范围内了，如图 4.50 所示。

图4.49　　　　　图4.50

④　接着减去衣服，单击减去图标，在弹出的列表中单击"选择人物"选项，跳转到人物蒙版界面，勾选衣服选项，如图 4.51 所示，再单击创建，此时人物衣服不在蒙版范围内了，如图 4.52 所示。

图4.51　　　　　图4.52

⑤　要对人物皮肤进行磨皮操作，必然要柔化人物皮肤，但是人物的眼睛、鼻子线条、嘴唇线条、下颌线条不需要被柔化，因此需要将这些区域减去选择，单击减去图标，

在弹出的列表中单击"画笔"选项，如图 4.53 所示，对这些区域进行涂抹，得到画笔 1 蒙版，涂抹后的画面效果如图 4.54 所示。

图4.53　　　　　　　图4.54

⑥ 接下来对画面进行柔化皮肤的操作，下拉参数栏，展开"效果"选项卡，调整各个选项数值如图 4.55 所示，得到如图 4.56 所示的效果。

图4.55　　　　　　　图4.56

⑦ 观察画面，发现人物鼻子和下颌有点黑的区域，需要修改画笔 1 的蒙版区域，选中画笔 1 蒙版，单击添加图标，选择画笔选项，如图 4.57 所示，对面部偏黑的区域进行涂抹，得到如图 4.58 所示的效果。

图4.57　　　　　　　图4.58

⑧ 接下来需要对人物整体进行统一化处理。单击创建新蒙版图标，在弹出的列表中单击"选择人物"选项，如图 4.59 所示，跳转人物蒙版界面，确保勾选"整个人物"选项，然后单击创建图标，得到蒙版 2，如图 4.60 所示。

图4.59　　　　　　　图4.60

⑨ 下拉参数栏，展开"效果"选项卡，调整各个选项数值，如图 4.61 所示，得到如图 4.62 所示的效果。

图4.61　　　　　　　图4.62

⑩ 处理完以后，接着修除面部的斑点。选择修复工具，对人物面部有斑点、痘痘及皱

纹的区域进行涂抹，直至得到如图 4.63 所示的效果。

图4.63

⑪ 接着创建眉毛、嘴唇和头发蒙版。单击单击创建新蒙版图标，在弹出的列表中单击"选择人物"选项，如图所示，跳转人物蒙版界面，勾选"眉毛""唇"及"头发"选项，并勾选下方的"创建 3 个单独蒙版"选项，如图 4.64 所示，再单击创建图标，得到相应的蒙版，如图 4.65 所示。

图4.64　　　　　　　　图4.65

⑫ 接着创建眼睛蒙版。单击创建新蒙版图标，在弹出的列表中单击"选择人物"选项，跳转人物蒙版界面，勾选"眼睛巩膜"和"虹膜和瞳孔"选项，如图 4.66 所示，然后单击创建图标，得到蒙版 3，如图 4.67 所示。

图4.66　　　　　　　　图4.67

⑬ 先对眉毛调暗处理，选中"人物 1- 眉毛"蒙版，调整"亮"选项卡中的曝光、阴影和黑色选项数值如图 4.68 所示，得到如图 4.69 所示的效果。

图4.68　　　　　　　　图4.69

⑭ 接着调整嘴唇色彩，选中"人物 1- 嘴唇"蒙版，调整"颜色"选项卡中的"色温""色相"和"饱和度"选项数值如图 4.70 所示，得到如图 4.71 所示的效果。

图4.70

图4.71

图4.76

⑮ 接着增强头发的纹理与清晰度，选中"人物 1- 头发"蒙版，调整"效果"选项卡中的"纹理""清晰度"和"去除薄雾"选项数值，如图 4.72 所示，得到如图 4.73 所示的效果。

4.3 利用混色器功能调出流行的冷淡炭灰风格

网络上流行的冷淡风或者炭灰的照片效果的特点是，除了视觉焦点，其他地方呈现出来都是一种淡淡的灰色调，通过这样的色彩对比，来达到突出画面视觉焦点的目的，本案例就来讲解通过Camera Raw 滤镜中的"混色器"功能，快速调修出这种风格的照片，下面讲解详细的操作步骤。

图4.72

图4.73

⑯ 接下来增强眼睛的对比度，选中"蒙版 3"，调整"亮"选项卡中的各个选项数值如图 4.74 所示，得到如图 4.75 所示的效果，最终的人物整体效果如图 4.76 所示。

① 在 Photoshop 中打开配套素材中的文件"第 4 章 \4.3- 素材 .jpg"，如图 4.77 所示，选择背景图层，单击鼠标右键选择"转换为智能对象"选项，然后执行"滤镜"|"Camera Raw 滤镜"命令，以打开Camera Raw 滤镜。

图4.74

图4.75

图 4.77

在素材照片中，红色的吊床及人物是画面的视觉焦点，需要将其色彩保留，但是画面中的红色和其他颜色过于鲜艳，需要将它们的饱和度降低一些。

02　展开"混色器"选项卡，单击选择"饱和度"选项，然后单击选择"混色器"选项卡中"调整"选项旁边的目标调整工具 ，对画面中的绿树单击鼠标左键并向左拖动，减少绿色的饱和度，此时选项卡中的参数如图 4.78 所示，调整后的效果如图 4.79 所示。

图 4.80

图 4.78

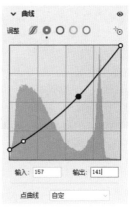

图 4.81

画面的整体色调调修出来了，接下来需要调修灰调。

04　展开"曲线"选项卡，选择第二个"单击以编辑点曲线"图标，调整点曲线如图 4.82 所示，得到最终的图像效果，如图 4.83 所示。

图 4.79

03　保持选中目标调整工具 ，对画面中天空的蓝色、草地的黄色及吊床的红色区域，单击鼠标左键不放向左拖动，分别减少它们的饱和度参数如图 4.80 所示，调整后的效果如图 4.81 所示。

图 4.82

图 4.83

4.4 利用校准功能调出
流行的赛博朋克风格

本案例利用Camera Raw滤镜中的"校准"功能，将颜色杂乱的夜景照片统一色调，把它调修成为赛博朋克风格，下面讲解详细的操作步骤。

①1 在 Photoshop 中打开配套素材中的文件"第4 章 \4.4- 素材 .jpg"，如图 4.84 所示，选择背景图层，单击鼠标右键选择"转换为智能对象"选项，然后执行"滤镜"|"Camera Raw 滤镜"命令，以打开 Camera Raw 滤镜。

图 4.84

如果希望把一张照片里非常杂乱的颜色，将其调成为两种、三种或四种色调，就必须要两种色彩的色相滑块往相同方向调整，另外一

种色彩的滑块反向调整，比如绿原色和蓝原色为负向数值，而红原色红就得调整为正向数值，这样调出来的颜色就非常纯粹。

②2 赛博朋克风格的色彩特点是蓝色和紫色为主，单击工具栏中的"编辑"工具，然后展开"校准"选项卡，将红原色、绿原色和蓝原色的色相参数调整为如图 4.85 所示，得到如图 4.86 所示的效果。

图 4.85

图 4.86

③3 在上一步基础上，展开"混色器"选项卡，单击选择"色相"选项，单击选择混色器选项卡中"调整"选项旁边的目标调整工具 ◉，对画面中的绿色区域单击鼠标左键并向左拖动调整绿色的色相参数如图 4.87 所示，调整后的图像效果如图 4.88 所示。

图 4.87

图 4.90

05　展开"颜色"选项卡，调整"色温"的参数如图 4.91 所示，调整后的效果如图 4.92 所示。

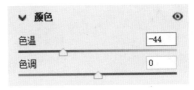

图 4.91

图 4.88

04　保持选中目标调整工具 ⊙，对画面中的品红区域，单击鼠标左键并向左拖动，调整它的色相参数如图 4.89 所示，调整后的效果如图 4.90 所示。

图 4.92

06　画面中阴影区域过于暗淡，提升"亮"选项卡中"阴影"的参数如图 4.93 所示，调整后的效果如图 4.94 所示。

图 4.89

图 4.93

图 4.94

⑰ 单击"确定"选项，完成 Camera Raw 滤镜的参数修改，应用图像效果至 Photoshop 中，复制"图层 0"得到"图层 0 拷贝"图层，单击鼠标右键选择"栅格化图层"，此时的图层面板如图 4.95 所示。

图 4.95

⑱ 选中"图层 0 拷贝"图层，执行"滤镜"|"模糊"|"高斯模糊"，在弹出的对话框中设置半径为 10 像素，然后将"图层 0 拷贝"图层的叠加模式为"柔光"，并调整不透明度为 38%，得到如图 4.96 所示的最终图像效果，此时的图层面板如图 4.97 所示。

图 4.96

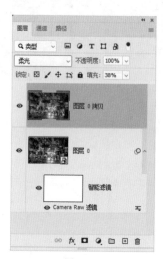

图 4.97

第5章 用Photoshop AI 功能对图像局部精调

5.1 Photoshop AI功能简介

随着AI技术快速发展，许多软件和工具也不断适应并整合AI技术，不仅文字编写、PPT制作实现了高效AI式生成。各类绘图软件也纷纷加入了相应的功能。

作为业界著名的图像编辑软件，Photoshop自然也加入了AI功能，进一步扩展了其功能和创作能力，为摄影爱好者带来了更多创作的可能性。

通过使用Photoshop的AI技术，创作者不仅可以直接生成摄影素材图，还可以将其用于去除杂物、修补图像、融合图像等方面，此外，还可以与联合应用。

例如，图5.1展示的是原图像，为了将照片修改为练习演讲主题的照片，使用AI功能去除了右侧的女性，并增加了花瓶与笔记本电脑，得到如图5.2所示的照片。

从整体效果来看，这一修改几乎毫无破绽，无论是颜色还是光影都非常自然逼真。

图5.1

图5.2

又如，在右侧展示的两张图中，图5.3为使用Mj生成的原图，为了将这张图应用在较长的商品详情图中，使用Photoshop的AI技术进行了扩展，使图像显示了更多细节，图像的景别也从特定转变为中景，如图5.4所示。

下面将分别讲解如何在各种创作任务中，使用强大的Photoshop AI技术。

图5.3

图5.4

5.2　Photoshop AI功能基本使用流程

　　Photoshop AI功能的使用方法非常简单，只需要简单两步即可完成。第一步为创建选区，第二步为在上下文任务栏的"创成式填充"按钮，并以英文输入任务关键字即可。

　　在此特别要强调的是，在最新的PS版本中，可以直接输入中文获得AI生成图像，但由于其机制是将中文翻译为英文，再根据英文生成图像，因此为了避免翻译误差，建议直接输入英文。

　　下面通过一个具体小案例来进行讲解。

(01) 打开任意素材照片，在此笔者打开的是一幅飞行中的灰天鹅特写照片，如图 5.5 所示。

(02) 按 D 键，将背景色设置白色，在工具箱中选择裁剪工具 ⛏。使用此工具，在照片中点击一下，然后向外拖动裁剪框句柄，以扩展画布，得到类似于如图 5.6 所示的效果。

图5.5　　　　　　　　　　　　　　　　图5.6

(03) 在工具箱中选择魔棒工具 ✦，点击画面中的白色区域，以将其选中。然后，选择"选择"|"修改"|"扩展"命令，在弹出的对话框中输入 10，使选区能够包括一部分原始图像，如图 5.7 所示。

(04) 点击上下任务栏中的"创成式填充框"按钮，在输入框中输入 lake，再点击"生成"按钮，即可得到 AI 自动填充的图像，如图 5.8 所示。

图5.7　　　　　　　　　　　　　　　　图5.8

　　在这个小案例中，笔者输入的提示词是lake（湖），得到有湖面的图像，如果各位读者在实践练习操作时，可以根据自己练习的素材，输入其他的提示词。

5.3 了解并应对Photoshop AI的随机性

Photoshop AI在生成图像时有一定的随机性，这也意味着生成的图像有时好有时差，而且每次生成的效果各不相同。

这是因为，当Photoshop AI功能收到生成指令后，将基于AI算法从海量的图库图像中依据提示词寻找符合要求的若干图像，然后通过AI算法，提取这些图像的特征，绘制出一张新的图像，并将其与当前工作图像进行融合。

在这个过程，软件会随机抓取符合要求的图库图像，因此生成的图像质量参差不齐。

要选择质量更高的生成图像，可以按下面的方法操作。

① 按 F7 键，显示"图层"面板，选择名称为"生成式图层"的图层。

② 选择"窗口"|"属性"命令，显示"属性"面板。

③ 在"属性"面板中分别点击生成的三个方案，从中选择质量更高的图像，例如，在上一例中，另外两个方案分别如图 5.9 和图 5.10 所示。

图5.9   图5.10

④ 除上述方法外，还可点击"生成"按钮，生成新的方案，如图 5.11 所示。

⑤ 也可以在"属性"面板的提示词输入框中输入新的提示词，以获得新的方案，例如，笔者添加了 sunset（落日）提示词后，获得如图 5.12 所示效果。

图5.11   图5.12

5.4　了解Photoshop AI的局限与不足

虽然Photoshop AI有强大的图像生成功能，但由于此功能开发的时间还不长，因此目前仍然有许多不足之处，了解这些不足之处，有助于创作者在工作中扬长避短。总体来说，Photoshop AI有较明显的两处不足。

5.4.1　精确度不足

图5.13所示的原图像，图5.14展示的是将人像的背景选中，在提示词输入框中输入beach（海滩）后，得到的效果，可以看出来，人物的面部、手、脚等处均出现扭曲。

图5.13　　　　　　　　　　　　　　　　　　　图5.14

5.4.2　虚拟类题材效果不足

与Midjourney等AI绘图软件不同，Photoshop AI功能的训练库来源于Adobe的图库，这些图库中绝大多数属于实拍类照片，这造成了当使用Photoshop AI生成虚拟、幻想类题材图像时，效果欠佳。例如，图5.15和图5.16是笔者使用robot提示词生成的效果，完全无法与Midjourney生成的效果相提并论。

图5.15　　　　　　　　　　　　　　　　　　　图5.16

5.4.3　语义理解不足

由于Photoshop AI生成图像依赖提示词，因此提示词理解程度将直接影响生成图像的效果。目前Photoshop AI只能理解简单的提示词，例如，Photoshop AI针法区别方位、数量、逻辑关系，因此，提示词要尽量使用简单的词与语句。

5.5 理解Photoshop AI与选区间的三种关系

如果将提示词形容成为给Photoshop AI的行动指令，那么创作者创建的选区就是给Photoshop AI的行动方位，即选区会限定Photoshop AI生成的图像的位置。

而且选区还会限定Photoshop AI所生成的图像的大小。例如，图5.17展示的是，使用较大的选区生成的鸟的图像。图5.18所示的为使用较小的选区生成的图像，大小对比一望可知。

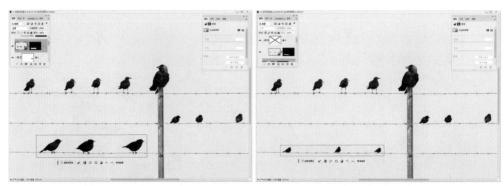

图5.17　　　　　　　　　　　　　　　　　　图5.18

除了位置、大小外，选区的形状也会影响生成的图像。例如，图5.19所示为绘制一个横向矩形选区，并在提示词输入框中输入dog后生成的图像。图5.20所示为按道路方向绘制一个梯形选区后，生成的图像。很明显，如果希望小狗沿着道路行走，要使用梯形选区。

图5.19　　　　　　　　　　　　　　　　　　图5.20

当图像中存在多个选区时，有时Photoshop AI会根据这些选区生成指定的图像，但更多情况下，无法精确依据这些选区生成图像，但随着Photoshop AI功能逐步完善，相信在更新迭代几个版本后，创作者可以使用多个选区精确地生成图像。

5.6　利用Photoshop AI生成实拍素材照片

可以毫不夸张地说，掌握Photoshop AI就相当于拥有了一个小型的素材库，因为使用Photoshop AI可以生成高质量的实拍素材照片。只需要新建一个图像，然后按Ctrl+A键执行全选操作，再在提示词输入框中输入希望得到的素材的英文描述即可。

例如，图5.21为笔者使用grass,close up,sun,blue sky,wide angle得到的素材，图5.22为使用Overlooking a vast expanse of green grass, undulating and uneven, with a gentle breeze and a dynamic blurry effect, blue sky and cloudy skies得到的有动感模糊效果的草原素材。

图5.21

图5.22

图5.23提示词为Cream puff ,fruit on the table,a glass of hot chocolate, hyper detailed photography, food photography, beautiful lighting, dark background。图5.24提示词为round cheese puff pastry,white background。

图5.23

图5.24

图5.25提示词为Stock photo style, oranges fall into water, water splash, realistic photography,black background ,close up。图5.26提示词为Fantastic clouds, snowy mountains, sandy terrain, long exposure effects, award-winning black and white photos, master style photography。

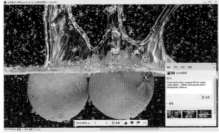

图5.25

图5.26

5.7　利用Photoshop AI修补图像的方法与技巧

虽然，Photoshop提供了"编辑"|"内容识别填充"命令、修补工具 🩹、修复画笔工具 🖌️，但在修补图像方面，均不如Photoshop AI功能。

例如，如图5.27展示的原图，如果要在这个图像中移除手机与黑色的手机支架，使用PSAI功能可以得到如图5.28所示的效果，而如果使用同样的工作时间，使用"内容识别填充"命令、修补工具 🩹、修复画笔工具 🖌️只能得到如图5.29所示的效果。

图5.27　　　　　　　　　　图5.28　　　　　　　　　　图5.29

使用Photoshop AI功能修补此图像时，首先要使用套索工具 🔾选中左下角的手机，选择时注意要将台面上的阴影也选中，如图5.30所示。然后直接点击"创成式填充"按钮，再直接点击"生成"，即可得到图5.31所示效果，可以看到，效果还是相当不错的。

图5.30　　　　　　　　　　　　　　　　图5.31

图像中其他的区域也按此方法操作，即可获得不错的效果。

如果在操作时遇到如图5.32所示的提示对话框，可以尝试在提示词输入框中输入remove noise，再次执行生成操作。

图5.32

5.8　使用Photoshop AI功能为图像添加细节

使用Photoshop AI功能可以为图像添加逼真的细节，这对于增加图像的可信度、完善图像的构图很有帮助。

例如，如图5.33所示为原图像，在图像右下角绘制一个选区，并使用Multiple cobblestones提示词，可以添加几个礁石，如图5.34所示。在右上方绘制一个小矩形选区，并使用boat提示词，可以添加一艘船，如图5.35所示。

图5.33

图5.34

图5.35

在此基础上，于图像左上角绘制几个矩形选区，使用bird提示词，则可以添加飞鸟，如图5.36所示。

图5.36

在图5.37所示的示例中，笔者使用Water splashes caused by objects rushing out of the water surface提示词增加了水面水花。

图5.37

在图5.38所示的示例中，笔者使用A tree with lush branches and leaves及The tall and steep K2 Peak in shadow under star sky提示词，优化了不好看的树与山峰。

图5.38

5.9 利用Photoshop AI处理过曝的照片

在摄影中过曝是很常见的照片问题，通常在光线过强、被拍摄对象颜色较浅、曝光参数不恰当的情况下，均容易出现照片过曝光的问题，此时照片会出现大面积白色，如图5.39所示。

针对这样的照片问题，可以使用Photoshop AI功能来有效解决，得到如图5.40所示的效果。

图5.39   图5.40

① 打开过曝的图像后，选择"选择"|"色彩范围"命令，在弹出的对话框中用吸管点击图像中的白色区域，如图 5.41 所示。此时对话框下方有一个黑白图像，白色区域代表选中的过曝区域，如果感觉区域较小，可以拖动对话框中的"颜色容差"滑块，以扩大选取范围。

② 点击"确定"按钮，退出对话框，即可得到如图 5.42 所示的选择区域。

③ 直接点击"创成式填充"按钮，再直接点击"生成"，即可得到过曝区域被修复后的效果。

图5.41   图5.42

按照同样的原理，可以针对欠曝的图像进行处理，只是在使用"色彩范围"命令时，要使用吸管工具点击图像中的黑色区域。

5.10　使用Photoshop AI处理人像照片

在拍摄人像照片时，可能会由于各种客观条件导致照片有这样或那样的小瑕疵，此时都可以考虑使用Photoshop AI功能进行修改处理。

例如，如图5.43所示为原片，如图5.44所示为使用Photoshop AI处理后的照片。对比前后效果可以发现，笔者使用Photoshop AI修补了过曝光的白色衣服、添加了白色珍珠耳坠、更换了珍珠项链、给模特手中添加了小花、轻微修改了发型，以上操作有些没有使用提示词，部分使用了非常简单的提示词，如pearl necklace、holding a flower、Slightly curled long hair, with a fluffy and glossy feel。

图5.43　　　　　　　　　　　　　　　　　图5.44

操作时要注意控制选区的大小、形状，只要填写正确的提示词，就能获得还不错的效果，这个案例充分证明了Photoshop AI在人像照片修饰方面的潜力。

5.11 使用Photoshop AI为人像换装

除了对人像照片进行小修小改外，还可以使用Photoshop AI对人像的衣服进行大面积替换，例如，在下面展示的四张照片中，只有图5.45为原图，图5.46~图5.48三张图片均为使用Photoshop AI进行换装后的图像，从体现效果来看，也非常自然、逼真。

图5.45   图5.46   图5.47   图5.48

要执行这样的换装操作，除了在创建选区时，要尽可能将要更换的衣服全部选中外，还要注意修改提示词，并综合使用修补工具 ◉、修复画笔工具 ✐ 进行修补操作，因为在执行大面积换装操作时，有可能在图像的局部会出现明显的瑕疵。

例如，图5.49~图5.51的三张图分别在衣领、脖子、手部均出现了明显的瑕疵，此时，需要创作者具有综合使用Photoshop各种功能与工具的能力，以去除这些瑕疵。

图5.49   图5.50   图5.51

第6章　RAW照片曝光
处理实战

6.1 处理严重曝光不足的照片

在拍摄照片时，由于错误的曝光参数，或为了以高光区域为准进行拍摄，就可能导致照片曝光不足的问题，在逆光环境下，这种问题尤为明显。此外，在曝光不足的情况下，还容易引发色彩灰暗、画面不够通透等连锁问题。在修复过程中，主要可以分为调曝光与调色彩两部分，调整得到恰当的曝光后，再对照片的色彩进行美化处理即可。

⑴ 打开随书所附素材"第 6 章\6.1-素材.cr2"，以启动 Camera Raw 软件。

当前照片存在较严重的曝光不足问题，同时影响到了画面的色彩，从处理流程上来看，应该先调整曝光，再美化照片的色彩，下面来讲解其调整方法。

⑵ 首先，展开"亮"选项卡，优化调整一下整体的对比与高光，如图 6.1 所示，得到如图 6.2 所示的效果。

图6.1

图6.2

在对照片进行调色处理前，首先来为其指定一个适合当前照片的配置文件，这可以帮助我们快速对照片进行一定的色彩优化，并且会影响到后面的调整结果。

⑶ 下面开始对照片整体的色彩进行调整。单击编辑栏最上方"配置文件"旁边的浏览配置文件图标 🔳，选择 Camera Matching 列表中的"风景"选项，如图 6.3 所示，来将照片设置为适合风光照片的预设，得到如图 6.4 所示的图像效果。

图6.3

图6.4

04　下面来对照片中的整体色调进行调整。在"颜色"选项卡中选择"日光"白平衡预设，并调整"自然饱和度"与"饱和度"数值如图 6.5 所示，得到如图 6.6 所示的图像效果。

图6.5

图6.6

05　在"效果"选项卡中，调整"清晰度"数值如图 6.7 所示，得到如图 6.8 所示的图像效果。

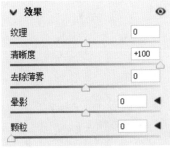

图6.7

图6.8

至此，已经初步调整好了照片的曝光与色彩，但其中各个色彩仍有继续调整的空间，需要分别对其进行优化调整。

06　选择"混色器"选项卡，并在其中选择"饱和度"子选项卡，然后调整各滑块，如图 6.9 所示，得到如图 6.10 所示的图像效果。

图6.9

图6.10

观察照片可以看出，照片左上角有较明显的偏暗问题，由于照片中只有这一处存在暗角，因此不能对整体进行去暗角调整，而是需要单独对其进行调整。

07 单击蒙版工具 ⊕，选择"线性渐变"选项，从左上角至右下方绘制一个渐变。

08 在右侧的"亮"和"颜色"选项卡中分别设置"曝光"和"饱和度"参数，以消除暗角，如图 6.11 所示，得到如图 6.12 所示的图像效果。

图6.13

图6.11

图6.12

观察照片可以看出，地面区域的对比略差于天空，而且饱和度也相对略高，下面对其进行适当调整。

09 单击创建新蒙版图标 ⊕，在弹出的列表中选择"画笔"选项，在右侧调整适当的画笔属性及调整参数，如图 6.13 所示，然后涂抹中间偏下的位置，以改善其色彩与曝光，得到如图 6.14 所示的效果。

图6.14

在操作时，需要调整强烈的位置可以涂抹多一些，反之则涂抹得少一些。

如图6.15所示是选中"显示叠加"选项并设置蒙版颜色为红色时观察到的涂抹范围，可供读者作为参考。

图6.15

6.2 恰当利用RAW照片宽容度校正曝光过度问题

在光比较大的环境中，可能会由于测光不正确，或过多地以中间调甚至暗部为准进行曝光，进而导致高光区域出现曝光过度的问题。在校正过程中，需要较大幅度地降低画面的曝光，但同时要注意对暗部进行适当的优化，以避免校正了曝光过度，却又造成了曝光不足的问题。

① 打开随书所附素材"第 6 章 \6.2- 素材 .cr2"，以启动 Camera Raw 软件。

在对照片进行调色处理前，首先来为其指定一个适合当前照片的配置文件，这可以帮助我们对照片进行快速的色彩优化，并且会影响到后面的调整结果。

② 单击配置文件旁边的 ▦ 图标，选择"Camera Matching"分类下的"风景"选项，如图 6.16 所示，以针对风景照片优化其色彩与明暗，如图 6.17 所示。

图6.16

图6.17

下面通过降低整体的曝光，使修复高光区域的曝光过度问题。

③ 选择调整面板中的"亮"选项卡，调整"曝光"与"对比度"参数，如图 6.18 所示，以调暗照片，并增强其对比度，如图 6.19 所示。

图6.18

图6.19

降低曝光后，照片的暗部变得曝光不足，因此下面专门针对暗部亮度进行优化处理。

④ 保持选择"亮"选项卡，分别调整"高光"与"阴影""黑色"参数，如图 6.20 所示，以提亮照片的暗部，如图 6.21 所示。

图6.20

图6.23

图6.21

通过前面的调整，照片整体的曝光已经基本恢复正常，下面再对照片的色彩进行强化处理。

⑤ 选择"颜色"选项卡，分别设置"色温""自然饱和度"及"饱和度"参数，如图 6.22 所示，直至得到满意的色彩效果为止，如图 6.23 所示。

图6.22

6.3 简单方法快速校正大光比照片

在拍摄大光比环境的照片时，以高光或阴影区域为准进行测光，容易产生曝光不足或曝光过度的问题，此时往往需要拍摄RAW格式照片，然后通过后期处理，对二者进行优化处理。通常情况下，在拍摄时应尽量以高光区域为准进行曝光，当然，如果光比太大，也可以适当增加不超过1档的曝光，以免暗部过暗。

① 打开随书所附素材"第 6 章 \6.3- 素材 .dng"，启动 Camera Raw 软件。

当前照片暗部占比更大一些，而且存在曝光不足的问题，因此先来对其进行校正处理。

② 选择"亮"选项卡，分别拖动"阴影"和"黑色"滑块，如图 6.24 所示，以显示出暗部的细节，如图 6.25 所示。

图6.24

图6.25

通过上面的处理，照片暗部已经基本校正完毕，同理，下面继续显示高光区域的细节。

03 保持在"亮"选项卡中，分别拖动"高光"和"白色"滑块，如图 6.26 所示，以显示出高光区域的细节，如图 6.27 所示。

图6.26

图6.27

通过上面的校正，已经初步完成对暗部及高光区域的校正处理，但调整后的照片显得有些对比度不足，且色彩偏灰暗，下面就对其进行校正处理。

04 选择"颜色"选项卡中，在"白平衡"下拉列表中选择"日光"选项，并调整"自然饱和度"及"饱和度"参数，如图 6.28

所示，得到如图 6.29 所示的图像效果。

图6.28

图6.29

提示

读者也可以根据需要，直接拖动"色温"和"色调"滑块来改变照片的色彩。

05 分别在"亮"和"效果"选项卡中，调整"对比度"和"清晰度"参数，如图 6.30 所示，以提高照片的对比度，直至得到满意的效果为止，如图 6.31 所示。

图6.30

图6.31

6.4 校正灰蒙蒙的照片

对数码相机来说，拍摄出的照片往往
会有些偏灰，主要表现就是对比度和色彩饱
和度不够正常，最典型的莫过于草地的色彩
偏黄，或天空的颜色不够蓝等。在本例中，
首先对照片整体的曝光及色彩进行初步的润
饰，然后通过选择配置文件、分别调整不同
的滑块参数，从而改善照片中的蓝色天空与
绿色的地面。

① 打开随书所附素材"第6章\6.4-素材.nef"，
以启动 Camera Raw 软件。

当前照片较为灰暗，因此在使用配置文
件参数进行有针对性的处理前，首先来对其曝
光、色彩及对比度进行一定的优化处理。

② 选择"亮"和"效果"选项卡，分别拖动
各个滑块，如图 6.32 所示，直至得到较好
的曝光及色彩效果，如图 6.33 所示。

图6.32

图6.33

③ 单击配置文件旁边的 ▦ 图标，选择"Camera
Matching"分类下的"风景 V4"选项，如
图 6.34 所示，从而为照片应用适合风景照
片的预设，如图 6.35 所示。

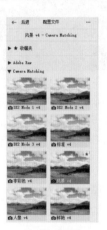

图6.34

图6.35

 提 示

根据不同的Camera Raw软件版本和拍摄相机的差异，列表中的预设数量和项目会有所差异，用户在实际使用时，建议更新至最新的版本，选择不同的预设，并从中选择一个效果最佳的。

④ 展开"校准"选项卡，在"绿原色"区域中，拖动各个滑块，如图 6.36 所示，以调整照片中绿色的色彩，如图 6.37 所示。

图6.36

图6.37

⑤ 按照上面的方法，再分别调整"阴影"与"蓝原色"的参数，如图 6.38 所示，从而进一步优化照片中的色彩，如图 6.39 所示。

图6.38

图6.39

6.5　模拟包围曝光并合成HDR照片

HDR的英文全称为High-Dynamic Range，指"高动态范围"，简单来说，就是让照片无论是高光还是阴影部分都能够显示出充分的细节。本例是使用RAW格式照片合成HDR，因此采用的是Camera Raw的"合并到HDR"命令进行合成，它可以充分利用RAW格式照片的宽容度合成更佳的HDR效果。

① 打开随书所附素材文件夹"第6章\6.5-素材"中的全部照片，以启动 Camera Raw 软件，

如图 6.40 所示。

图6.40

② 在左侧列表中选中任意一张照片，按
Ctrl+A 键选中所有的照片。按 Alt+M 键，
或单击缩略图上的三个小圆点 ■■，在弹出
的菜单中选择"合并到 HDR"命令，如图
6.41 所示。

图6.41

③ 在经过一定的处理过程后，将显示"HDR
合并预览"对话框，如图 6.42 所示，通常
情况下，以默认参数进行处理即可。

图6.42

④ 需要注意的是，依次观察 5 张照片素材可
以看出，云彩是有较大位移的，因此需要
进行消除重影处理，此时可以根据位移的
幅度，在"消除重影"下拉列表中选择适
当的选项，经过尝试后，本例选择"低"
选项及"显示叠加"选项，以便在对话框
中观察被处理的区域，如图 6.43 所示。

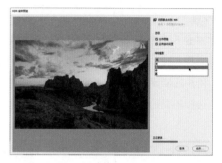

图6.43

⑤ 单击"合并"按钮，在弹出的对话框中选
择文件保存的位置，并以默认的 DNG 格
式进行保存，保存后的文件会与之前的素
材一起，显示在下方的列表中，如图 6.44
所示。

图6.44

本例的照片需要从曝光、色彩及其相关
细节进行多方面的调整，在调整前，我们先
根据照片的类型选择一个合适的相机校准，
从而让后面的调整工作能够事半功倍。

⑥ 单击配置文件旁边的 ■■ 图标，选择"Camera
Matching"分类下的"风景"选项，如图 6.45
所示，以针对当前的风景照片进行优化处

理，如图 6.46 所示，这对后面所做的其他
曝光及色彩调整处理都会有影响。

图6.45

图6.46

当前照片还存在较严重的曝光不足问题，因此下面来对整体进行一定的校正处理。

07 选择"亮"和"效果"选项卡，并适当编辑"对比度""阴影""黑色"及"清晰度"等数值，如图 6.47 所示，直至得到如图 6.48 所示的图像效果。

图6.47

图6.48

初步调整好画面曝光后，色彩灰暗的问题更加明显了，同时放大显示比例可以明显地看到右上方山体的边缘存在明显的杂边，这是照片没有完全重合导致的，此问题在Camera Raw中很难校正，因此暂时不予处理，待调整完成后，转至Photoshop中进行修复，下面先来润饰照片整体的色彩。

08 选择"混色器"选项卡中的"饱和度"子选项卡，并分别拖动其中的滑块，如图 6.49 所示，以初步改变以天空为主的色彩，如图 6.50 所示。

图6.49

图6.52

图6.50

此时，天空的色彩已经较为明艳，但地面景物的色彩还有些灰暗，要进一步提升其色彩的饱和度，就要对地面和天空进行分区处理，本例是使用线性渐变蒙版进行处理的。

09 单击蒙版工具🔘，选择"线性渐变"选项，按住 Shift 键从下至上绘制一个渐变，并分别在"亮""颜色"及"效果"面板中设置参数，如图6.51 和图6.52 所示，以调整地面的曝光及色彩，如图6.53 所示。

图6.53

此时，地面右侧区域的色彩也达到了较明显的效果，但左下方还是较为平淡，因此需要进一步做分区处理，本例使用的是画笔蒙版。

10 在蒙版界面中，单击创建新蒙版图标➕，在弹出的列表中选择"画笔"选项，然后在右侧设置适当的画笔参数，如图6.54 所示。

图6.51

图6.54

⑪ 使用画笔工具 ✐ 在照片左下方的地面上进行涂抹，并分别在"亮""颜色"及"效果"面板中设置参数，如图 6.55 和图 6.56 所示，以改善其曝光及色彩，如图 6.57 所示。

图6.55　　　　　图6.56

图6.57

至此，我们已经基本完成了照片的HDR效果处理，下面来将照片输出为JPG格式，然后

在Photoshop中修除右上方山体的杂边及场景中多余的人物。

⑫ 单击Camera Raw软件左下角的"存储图像"按钮，在弹出的对话框中适当设置输出参数，如图 6.58 所示。

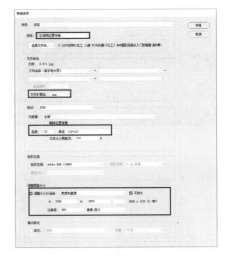

图6.58

> **提 示**
>
> 本例是将导出的尺寸限制为2000px×2000px，即导出的照片最大宽度或最大高度不会大于2000px，而不是指，导出为2000px×2000px尺寸的照片，导出的照片与原照片是等比例的。

⑬ 设置完成后，单击"存储"按钮即可在当前 RAW 照片相同的文件夹下生成一个同名的 JPG 格式照片。

> **提 示**
>
> 如果导出的JPG格式照片有重名，软件会自动进行重命名，不会覆盖同名的文件。

⑭ 在 Photoshop 中打开上一步导出的 JPG 格式照片，结合修补工具 ◉.、仿制图章工具 ♨.等，将山体的杂边及多余的人物修除，并适当锐化其细节，直至得到如图 6.59 所示的最终图像效果。由于其操作方法比较

简单，且不是本例要讲解的重点，故不再做详细说明。如图 6.60 所示为修除杂边前后的局部效果对比。

图6.59

图6.60

6.6 迷雾景象的对比与层次调修

在拍摄山景时，大量的云雾可以增加画面的氛围，但也可能让画面失去层次，且色彩变得较为灰暗，甚至形成模模糊糊的一大片，影响整体的美感。在调修此类照片时，应以提高立体感、色彩饱和度及对比度为主，但同时还要注意，由于云雾多是较亮的灰色，因此要注意避免其出现曝光过度的问题。

01 打开随书所附素材"第6章\6.6-素材.NEF"，

以启动 Camera Raw 软件。

当前照片存在较明显的雾蒙蒙的感觉，下面将利用"清晰度"和"去除薄雾"功能进行优化处理，使其变得更加通透和立体。

02 选择"效果"选项卡，并向右拖动"清晰度"和"去除薄雾"滑块，如图 6.61 所示，直至得到如图 6.62 所示的图像效果。

图6.61

图6.62

通过上一步的调整，画面已经初步显现出较好的立体感，但这还远远不够，下面来继续调整曝光与色彩，以进一步增强画面的层次。

03 选择"亮"选项卡，分别调整各个滑块，如图 6.63 所示，以初步调整照片的曝光，如图 6.64 所示。

图6.63

图6.64

此时画面的色彩整体偏冷，下面对其进行一定的润饰处理。

④ 选择"颜色"选项卡，调整照片的色温和色调，如图 6.65 所示，以调整照片的颜色，如图 6.66 所示。

图6.65

图6.66

下面分别调整上方云海与下方地面的色彩，之分别具有冷调和暖调的效果，使整体具有较强的对比，增加视觉冲击力。

⑤ 单击蒙版工具 ，选择"线性渐变"选项，按住 Shift 键从照片顶部中间向中间处拖动，以确定调整的范围，然后分别在"亮""颜色""效果"和"细节"选项卡中设置适当的参数，如图 6.67 和图 6.68 所示，直至得到如图 6.69 所示的图像效果。

图6.67

图6.68

图6.69

06 按照上述方法，再从照片底部至中间绘制一个渐变，然后分别在"亮""颜色""效果"和"细节"选项卡中设置适当的参数，如图6.70和图6.71所示，直至得到如图6.72所示的图像效果。

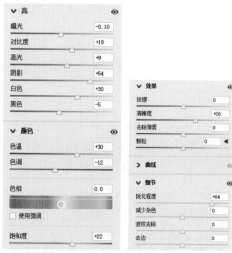

图6.70　　　　　　图6.71

图6.72

通过前面的调整，已经初步调整好照片的色彩基调，但部分色彩还需要单独进行优化处理，下面来讲解具体操作方法。

07 单击编辑工具 ，展开"混色器"选项卡，选择"色相"子选项卡，并在其中设置适当的参数，如图 6.73 所示，以改变照片中相应的颜色，直至得到如图 6.74 所示的图像效果。

图6.73

图6.74

08 在"混色器"选项卡中，选择"饱和度"子选项卡，并设置适当的参数，如图 6.75所示，以提高相应色彩的饱和度，直至得到如图 6.76 所示的图像效果。

图6.75

图6.76

 提 示

　　此处提高饱和度的处理，如果希望简单、快速的进行调整，也可以在"颜色"选项卡中调整"自然饱和度"和"饱和度"参数，但这样是对整体进行调整的，可能会出现部分颜色过度饱和的问题，而本步使用的方法，是分别针对不同的色彩进行提高饱和度处理的，因此更能够精准地拿捏调整的尺度，读者在实际处理时，可根据实际的需要选择恰当的方法。

09　在"混色器"选项卡中，选择"明亮度"子选项卡，并在其中设置适当的参数，如图 6.77 所示，使相应的色彩更加明亮，直至得到如图 6.78 所示的图像效果。

图6.77

图6.78

第7章 RAW照片
色彩调整实战

7.1　模拟自定义白平衡拍摄效果

在本例中，天空的高光部分缺少细节、色彩平淡，且缺乏气势和美感，对于此问题，最直接、有效的调整方法，就是通过类似摄影中减少曝光补偿的方式，将天空调暗，并做一定的色彩调整，从而让天空显示出更多的细节。而对于地面的景物，则可以适当对暗部进行一定的提亮处理，使整体获得充分、均匀的曝光，配合适当的色彩调整与润饰，获得类似自定义白平衡拍摄的照片色彩效果。

01 打开随书所附素材"第 7 章\7.1-素材 .CR2"，以启动 Camera Raw 软件，如图 7.1 所示。

图7.1

下面先来调整照片整体的色彩，即对照片的白平衡进行重新定位，这关系到照片整体视觉效果的表现，会在很大程度上影响后面的调整方式。当然，在调整过程中，也可以根据需要适当对其进行改变。

02 选择"颜色"选项卡，在其中分别拖动"色温"和"色调"滑块，如图 7.2 所示，以确定照片的基本色调，如图 7.3 所示，本例中是将天空中的红色云彩调整为紫红色效果。

图7.2

图7.3

在初步确定照片的基本色调后，下面就开始针对照片天空过亮、地面过暗的问题进行处理。由于二者之间具有较明显的区域划分，因此本例中将使用线性渐变蒙版进行调整，这也是处理此类问题时非常常用的调整方式。

03 单击蒙版工具 ，选择"线性渐变"选项，并在右侧设置任意参数，然后按住 Shift 键从顶部至中间处绘制渐变。

04 在确定了调整的范围后，分别在右侧的"亮""颜色""效果"和"细节"选项卡中设置适当的参数，如图 7.4 和图 7.5 所示，直至让天空显示出足够的细节，而且色彩也更加鲜明，如图 7.6 所示。

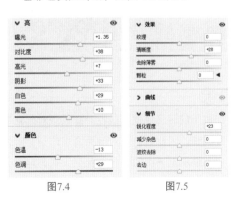

图7.4　　　　　　　图7.5

图7.6

⑤ 调整好天空后，下面可以按照类似的方法，继续使用线性渐变蒙版处理地面景物，参数设置如图7.7和图7.8所示，得到如图7.9所示的效果。

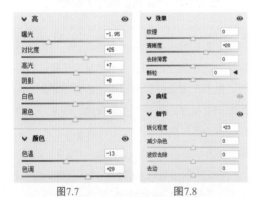

图7.7   图7.8

图7.9

提 示

　　由于前面已经使用线性渐变蒙版对天空进行过调整，因此再创建对地面调整的渐变时，会自动继承上一次的参数，此处只需要对曝光及部分调整暗部细节的参数进行修改即可。

　　至此，照片整体的曝光已经较为均衡，该显示出来的细节也都处理完毕，但就整体来说，仍然显得对比度不足，细节也需要进一步处理。

⑥ 单击编辑工具 ≋ ，分别在"亮""颜色"和"效果"选项卡，设置参数如图7.10所示，以进一步调整照片中的细节，得到如图7.11所示的图像效果。

图7.10

图7.11

　　至此，已经基本完成了照片的处理，但由于受光不足，前景处最高的山峰与周围景物比起来显得过暗，左侧中间的白色山体部分也存在类似的问题，下面来对其进行单独处理。

⑦ 选择蒙版工具 ◎ 切换至蒙版界面，单击创建新蒙版图标 ➕，在弹出的列表中选择"画笔"选项，在右侧设置其"大小"及"浓度"等参数，如图 7.12 所示。

图7.12

⑧ 使用画笔工具 ✏ 在最高的山峰和左侧中间的山体上涂抹，以确定调整的范围，此时将在照片中显示画笔标记，然后分别在"亮""效果"和"细节"选项卡中设置适当的调整参数，如图 7.13 和图 7.14 所示，直至得到如图 7.15 所示的效果。

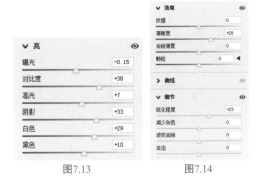

图7.13　　　　　　　图7.14

图7.15

提 示

选中蒙版面板底部的"显示叠加"选项，可显示当前的调整范围，若对此范围不满意，可以按住Alt键进行涂抹，从而减小调整范围，如图7.16所示是将蒙版的颜色设置为黄色时的状态。

图7.16

7.2　模拟高色温下的冷色调效果

在本例中，照片最大的问题就是，由于在阴天时拍摄，且没有设置恰当的白平衡，导致照片几乎没有色彩，要为这样的照片叠加色彩，就可以利用RAW格式照片记录下的丰富原始信息，通过调整照片的色温入手，再加上适当的曝光及对比度等方面的润饰，从而为画面赋予新的意境表达。

① 打开随书所附素材"第7章\7.2-素材.CR2"，以启动 Camera Raw 软件。

提 示

为当前这幅接近"黑白"效果的照片叠加色彩，实际上就是为照片设置白平衡，这在拍摄阶段就可以通过设置如"闪光灯"白平衡或手动调整较低的色温数值来实现。在Camera Raw软件，也是按照类似的原理进行调整的。

⑩2 选择"颜色"选项卡，在其中分别拖动"色温"和"色调"滑块，如图 7.17 所示，使照片初步具有了蓝色色调效果，如图 7.18 所示。

图7.17

图7.18

叠加颜色后的照片显得较为灰暗——实际上，原照片本身就是非常灰暗的，只是为其叠加颜色是首要的操作，因此才通过上一步操作为其叠加了蓝色色调，在本步操作中就要提高其对比度，使画面变得更加通透。

⑩3 在"亮"选项卡中，向右侧拖动"对比度"滑块，如图 7.19 所示，直至得到如图 7.20 所示的图像效果为止。

图7.19

图7.20

对当前照片来说，左上方的剪影是画面的重要组成部分，其色调构成了画面的暗部，因此对于其他区域的图像，就应该是组成画面的高光与中间调，从而实现整体影调的平衡，但通过上面的调整的后，画面的天空部分变得更暗，下面就来对其进行曝光方面的优化调整。

⑩4 在"亮"选项卡中，分别拖动各个滑块，如图 7.21 所示，以调整其高光、阴影及黑色区域的亮度，以优化照片整体的曝光，如图 7.22 所示。

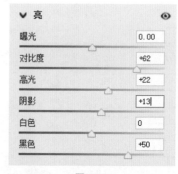

图7.21

图7.22

在上一步调整曝光后，照片整体变亮了，同时也导致色彩的饱和度下降了，因此下面还需要适当进行提高处理。

⑤ 在"颜色"选项卡中，向右侧拖动"饱和度"滑块，如图 7.23 所示，以提高照片整体的色彩饱和度，如图 7.24 所示。

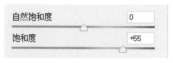

图7.23

图7.24

通过前面的调整，当前画面中的天空部分已经获得了较好的曝光与色彩，但仍然略显平淡，浅蓝色的范围略多，焦点不够突出，因此下面来为画面整体添加一些暗角，使画面的视觉焦点更突出。

⑥ 选择"光学"选项卡中的"手动"子选项卡，并在"晕影"区域中设置参数，如图 7.25 所示，以增加照片的暗角，得到如图 7.26 所示的图像效果。

图7.25

图7.26

至此，照片的色彩与曝光已经调整完毕，仔细观察其中的细节可以看出，画面存在的一些实体的水滴和一些虚化的斑点混合在一起，显得较为混乱，因此下面将修除虚化的斑点，保留视觉效果更好的实体水滴。

⑦ 单击工具栏上的修复工具 ✎，在参数界面上方选择修复工具 ✎，并设置适当的参数，如图 7.27 所示。

⑧ 将光标置于要修除的虚化斑点上，并保证当前的画笔大小能够完全覆盖目标斑点，如图 7.28 所示。

图7.27

图7.28

09 单击鼠标左键，即可自动根据当前斑点周围的图像进行智能修除处理，如图 7.29 所示。按照上述方法，继续在其他虚化斑点处单击，直至得到如图 7.30 所示的最终图像效果。

图7.29

图7.30

在处理过程中，可能需要使用不同的画笔大小，此时可以按住Alt键并向左、右拖动鼠标右键，以快速调整画笔大小。

7.3 模拟低色温下的金色夕阳效果

要拍摄出极暖色调的照片效果，最关键的就是要设置好恰当的白平衡，使画面具有暖色调效果。如果在拍摄时没有设置好恰当的白平衡，也可以通过后期处理进行调整，

其优势在于，软件中往往提供了比相机还要大的色温范围，可以帮助我们更好地调出照片的暖色。

在本例中，主要是通过手动设置"色温"数值，让画面初步具有暖调色彩效果，然后再结合调整曝光、增加高光等处理，让画面变得美观、通透。

01 打开随书所附素材"第 7 章 \7.3- 素材 .cr2"，以启动 Camera Raw 软件。

下面通过调整照片的白平衡，初步将照片调整为所需要的暖调效果。

02 选择"颜色"选项卡，调整"色温"与"色调"参数，如图 7.31 所示，以得到如图 7.32 所示的暖调效果。

图7.31

图7.32

通过上面的调整，画面已经有了明显的暖调效果。

03 分别在"颜色"和"效果"选项卡中，调整"自然饱和度""饱和度"和"清晰度"滑块，

如图 7.33 所示，使画面的立体感更好，色彩更鲜艳，如图 7.34 所示。

图7.33

图7.34

④ 在中间的曝光参数区中调整参数，如图 7.35 所示，以优化照片整体的曝光与对比，得到如图 7.36 所示的最终图像效果。

图7.35

图7.36

7.4　用校准功能优化照片色彩效果

通常情况下，拍摄的照片容易受环境、光线及相机设置等多方面的影响，导致照片偏灰暗，色彩不够浓郁等问题，在本例中，将以 Camera Raw 中的配置文件及"校准"相关的参数，对照片的色彩进行调整，以实现美化色彩，此功能具有较明显的色彩调整范围，即以"红""绿""蓝"三种原色为基础，改变色彩的色相及饱和度属性，灵活运用其功能，可以快速、有针对性地调整照片的色彩。

① 打开随书所附素材"第 7 章\7.4- 素材 .cr2"，以启动 Camera Raw 软件，如图 7.37 所示。

图7.37

由于当前照片的清晰度不太好，首先需要对照片的清晰度进行提升处理，由于该处理还对照片的色彩会有一定影响，因此先做此处理，再继续后面的色彩调整。

② 选择"效果"选项卡，调整"清晰度"参数如图 7.38 所示，以提高其立体感，如图 7.39 所示。

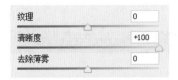

图7.38

图7.39

③ 单击配置文件旁边的 图标，选择"Camera Matching"分类下的"风景"选项，如图 7.40 所示，从而为照片应用适合风景照片的预设，如图 7.41 所示。

图7.40

图7.41

初步设置一个预设之后，下面使用"校准"选项卡中的其他参数，对照片的色彩进行大幅的调整。

④ 选择"校准"选项卡，调整"绿原色"区域中的参数，如图 7.42 所示，以调整照片中树木的颜色，肉眼观察，虽然只包含较少的绿色，但实际上，该调整对照片的影响还是很大的，调整后的图像效果如图 7.43 所示。

图7.42

图7.43

⑤ 调整"蓝原色"区域中的参数，如图 7.44 所示，以调整照片中的天空及其他包含蓝色的图像，如图 7.45 所示。

图7.44

图7.46

图7.45

⑥ 此时，照片主色调有些偏紫，下面来拖动"红原色"区域中的滑块，如图 7.46 所示，以解决该问题，同时还提高了红色的饱和度，调整后的图像效果如图 7.47 所示。

图7.47

在完成上述色彩调整后，照片的曝光还略有不足，下面继续对其进行调整。

⑦ 切换至"亮"选项卡，在其中调整一下曝光相关的参数，如图 7.48 所示，直至得到如图 7.49 所示的图像效果。

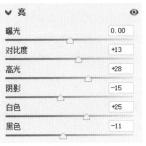

图7.48

图7.49

7.5 使用HSL与调整曲线优化照片色彩对比

在拍摄户外照片时，最常见的问题就是，白平衡设置、环境影响或景物本身等方面的因素，导致照片中的色彩较为平淡，影响整体的视觉表现。

在操作过程中，首先要确定一个基本的调整方向，如照片整体的色调取向、色彩是以对比还是协调为主，以及心目中所要呈现的大致效果等。在本例中，是要将其调整为以紫色调为主的色彩效果，并与天空的蓝色及草地上的黄色、绿色形成较明显的对比，从而增强画面的唯美感及对比感。

01 打开随书所附素材"第7章\7.5-素材.dng"，以启动 Camera Raw 软件。

在对照片进行调色处理前，首先来为其指定一个适合当前照片的配置文件，这可以帮助我们快速对照片进行一定的色彩优化，并且会影响到后面的调整结果。

02 单击配置文件旁边的 ▦ 图标，选择"Camera Matching"分类下的"风景"选项，如图 7.50 所示，从而为照片应用适合风景照片的预设，如图 7.51 所示。

图7.50

图7.51

配置文件是Camera Raw针对不同类型照片而提供的内部色彩优化方案，它不会对其他选项卡中的参数有影响。通常来说，根据照片类型选择相应的预设往往会得到较好的效果。在相同的调整参数下，选择不同的预设时，得到的效果会有较大的差异。在实际使用时，可尝试选择不同的预设，以期得到最好的结果。

当前照片的高光和暗部存在曝光过度和曝光不足的问题，但不是很严重，下面来简单对其进行初步的校正处理。

03 选择"亮"选项卡，在右侧参数区的中间部分调整各个参数，如图 7.52 所示，以改善照片的曝光与对比，如图 7.53 所示。

图7.52

图7.53

上一步调整曝光后，照片的对比度变得较弱，立体感也变差，但由于在调整立体感的同时，对比度也随之发生了变化，因此下面先来对照片进行强化立体感的处理。

04　选择"效果"选项卡，提高"清晰度"和"去除薄雾"参数，如图 7.54 所示，以提高照片的细节和通透感，如图 7.55 所示。

图7.54

图7.55

提 示

　　通过上面的处理后，照片中的图像不仅拥有了更好的立体感，且由于设置了较高的"去除薄雾"数值，使得照片的对比度也进一步提高了，对本例来说，当前的对比度已经足够，故不再继续调整。读者在处理时，如果觉得对比度仍然不足，可以在"亮"选项卡中适当提高"对比度"数值，或通过"曲线"选项卡进行调整。

　　通过前面一系列的调整，已经基本完成了在调色之前的必要处理，下面就来对照片进行色彩调整。

05　选择"曲线"选项卡中的蓝色通道，然后在调节线上按住鼠标左键拖动，以添加节点并调整其颜色，如图 7.56 所示，得到如图 7.57 所示的图像效果。

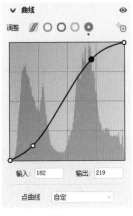

图7.56

图7.57

通过上面的调整，照片中的蓝紫色调进一步增强了，下面来对照片各部分的色彩分别进行适当的优化处理。

06 在"混色器"选项卡中，选择"色相"子选项卡，并在其中设置适当的参数，如图7.58所示，以改变照片中相应的颜色，直至得到如图7.59所示的图像效果。

图7.58

图7.59

07 在"混色器"选项卡中，选择"饱和度"子选项卡，并在其中设置适当的参数，如图7.60所示，以提高相应色彩的饱和度，直至得到如图7.61所示的图像效果。

图7.60

图7.61

 提 示

此处提高饱和度的调整，如果希望简单、快速地处理，也可以在"颜色"选项卡中调整"自然饱和度"和"饱和度"参数，但这样是对整体进行调整的，可能会出现部分颜色过度饱和的问题，而这里所使用的方法，是分别针对不同的色彩进行提高饱和度处理，因此更能够精确拿捏调整的尺度，读者在实际处理时，可根据情况需要选择恰当的方法。

调整后的大山显得过于暗了，主要是由于前面对暗部做过大幅的调亮处理所造成的，为了让其与天空形成较鲜明的对比，下面来对其进行适当的压暗处理。

⑧ 单击蒙版工具🔘，选择"画笔"选项，并在右侧设置的画笔大小等参数，如图 7.62 所示。

图7.62

⑨ 使用画笔工具✏在大山上涂抹，以确定调整的范围，然后分别在"亮"和"颜色"选项卡中设置适当的参数，如图 7.63 所示，直至得到如图 7.64 所示的最终图像效果。

图7.63

图7.64

 提示

若对当前的调整范围不满意，可以按住Alt键进行涂抹，以减小调整范围。

7.6　增强日落时画面的冷暖对比

冷暖对比是摄影中最常用的一种色彩表现形式，恰当运用这一点，可以让画面具有更强的视觉冲击力。但在拍摄照片时，往往难以准确地设置好恰当的白平衡，此时可以以RAW拍摄照片，然后利用其宽容度，通过后期处理获得这种冷暖对比的效果。以本例的照片为例，其中已经存在一定的暖调，但不够强烈，且照片缺少冷色。此时可以先调整白平衡，初步调出冷色，并形成二者的对比，然后再分别针对冷暖色进行强化处理。

① 打开随书所附素材"第 7 章\7.6- 素材 .cr2"，以启动 Camera Raw 软件。

下面先来设置照片的白平衡属性，以确定照片的基本色调。由于原照片较偏向暖色彩，因此下面主要是将其调整为偏向冷调的效果，尤其是山峰以外的区域，其冷调可以多一些，而山峰区域也要适当保留一定的暖调，便于我们后面对冷暖两种色彩分别进行强化处理。

② 选择"颜色"选项卡，调整"色温"与"色调"参数，如图 7.65 所示，以调整画面的色彩，得到如图 7.66 所示的图像效果。

图7.65

图7.66

图7.70

03 调整"自然饱和度"滑块，如图 7.67 所示，使画面的色彩更鲜艳，得到如图 7.68 所示的图像效果。

图7.67

图7.68

04 在中间的曝光参数区中调整参数，如图 7.69 所示，以优化照片整体的曝光与对比，如图 7.70 所示。

图7.69

至此，照片中的基本色调已经调整完成，但冷暖效果的对比还不够强烈，其中冷调色彩已经基本达到调整的极限，而暖调色彩则相对弱一些，因此下面主要针对暖调色彩进行强化调整。

05 选择"混色器"选项卡，在其中选择"饱和度"子选项，然后调整其中的参数，如图 7.71 所示，得到如图 7.72 所示的最终图像效果。

图7.71

图7.72

7.7　使用画笔工具分区美化照片

在光线较为复杂的情况下，容易在不同区域产生明显的明暗差异，此时无法通过校正照片进行整体修复，只能通过分析各区域的曝光及色彩特点，将其选中并进行有针对性的调整。对 RAW 格式照片来说，由于它具有非常大的宽容度，因此可充分利用这一点，对照片的局部进行校正处理。在调整某个区域时，一定要特别注意它与周围照片的协调性，不要出现生硬、明显的曝光或色彩差异，导致照片失真。

① 打开随书所附素材"第 7 章 \7.7- 素材 .cr2"，以启动 Camera Raw 软件。

当前照片素材的主要问题是画面灰暗，因此下面先来提高照片整体的对比度，这也是后面做好其他处理的基础和前提。

② 选择"亮"选项卡，向右侧拖动"对比度"滑块，如图 7.73 所示，以提高照片整体的对比度，如图 7.74 所示。

图7.73

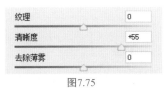

图7.74

③ 选择"亮"选项卡，向右侧拖动"清晰度"滑块，如图 7.75 所示，以提高照片立体感的同时，进一步增加其对比度，如图 7.76 所示。

图7.75

图7.76

在基本确定照片的对比度后，下面来调整照片的色彩基调，从而为后面的调整确定好方向。

④ 选择"颜色"选项卡，分别调整"色温"和"色调"参数，如图 7.77 所示，以确定照片冷、暖对比的色彩基调，如图 7.78 所示。

图7.77

图7.78

图7.81

05 保持选择"颜色"选项卡，分别调整"自然饱和度"和"饱和度"滑块，如图 7.79 所示，让照片中的色彩更加明艳，如图 7.80 所示。

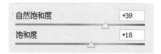

图7.79

图7.80

通过上面的调整，山体照片的对比度和色彩都已经比较到位，虽然照片仍然存在诸多问题，但此时已经不能再对照片整体做调整了，否则会改变已经调整好的山体，因此下面将对各个存在问题的局部进行处理。首先，我们来优化左侧的局部曝光过度问题。

06 单击蒙版工具 ，选择"画笔"选项，在右侧的参数区的底部设置适当的画笔大小及羽化等属性，如图 7.81 所示。

07 在右侧参数区的上面设置任意一个参数（只要不是全部为 0 即可），在左侧曝光过度的照片上单击一次即可，然后在右侧分别调整各个参数，如图 7.82 所示，以调整该区域的曝光及对比度等属性，如图 7.83 所示。

图7.82

图7.83

在上面的操作中，先设置任意参数并涂抹，然后再设置详细参数，主要是为了先确定调整范围,这样在右侧设置的参数,才能实时显示出来,从而调整出需要的效果。下面将继续使用画笔蒙版校正左上角和右上面大面积的曝光不足区域。

⑧ 单击创建新蒙版图标➕,在弹出的列表中选择"画笔"选项,按照上一步设置的画笔大小、羽化等参数,然后在左上角与右上角涂抹,以确定调整的范围,然后在右侧设置适当的"曝光"与"对比度"参数,如图 7.84 所示,得到如图 7.85 所示的图像效果。

图7.84

图7.85

 提 示

在涂抹过程中,若涂抹了多余的区域,可按住Alt键并涂抹,以将其擦除;由于越靠近边缘的照片越暗,因此可以适当缩小显示比例,在边缘进行多次涂抹。

⑨ 勾选"显示叠加"选项,可以显示其调整范围,如图 7.86 所示。

图7.86

对于上面的调整结果,边角仍然存在偏暗的区域,但使用画笔蒙版已经很难进行调整,因此下面将通过"光学"选项卡解决此问题。

⑩ 单击编辑工具✏,选择"光学"选项卡中的"手动"子选项卡,在其中向右拖动"晕影"区域中的"数量"滑块,如图 7.87所示,直至如图 7.88 所示的消除暗角的图像效果。

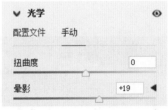

图7.87

图7.88

通过上面的操作,天空中蓝色的区域已经基本处理完成,而作为视觉中心的紫色区域仍然较为灰暗，因此下将继续使用画笔蒙版进行修饰处理。

⑪ 单击蒙版工具◎切换至蒙版界面，然后单击创建新蒙版图标⊕，在弹出的列表中选择"画笔"选项，使用画笔在云彩上涂抹，然后分别在"亮""颜色"和"效果"选项卡中设置曝光及白平衡等参数，如图7.89和图7.90所示，得到如图7.91所示的效果。

图7.89   图7.90

图7.91

⑫ 选择任意一个其他的工具后，即可隐藏当前的调整画笔标记。

此时的紫色天空仍然略显灰暗，色彩较为单一、缺少层次，因此下面将使用"混色器"选项卡中的参数，对此处的色彩进行美化。

⑬ 单击编辑工具 ≋ ，选择"混色器"选项卡，

分别在其中选择"色相"和"饱和度"子选项卡并设置参数，如图7.92和图7.93所示，以强化天空的色彩，如图7.94所示。

图7.92   图7.93

图7.94

7.8 调修高反差的黑白大片

由于黑白照片没有色彩，因此观者能够将注意力更集中在照片的内容上，更容易突出画面主体。在不失协调性的前提下，黑白照片的反差越大，就越容易吸引观者的注意，本例就来讲解制作高反差照片的方法，首先要将照片处理为大致合适的黑白效果，然后再大幅提高照片的对比度即可。需要注意的是，高对比度不等同于曝光过度或曝光不足，而且调整过程中还要注意一些关键位置不要过亮或过暗。

① 打开随书所附素材"第 7 章 \7.8- 素材 .cr2"，以启动 Camera Raw 软件。

下面先将照片初步转换为黑白色彩，以便于后面对其黑白效果及反差进行处理。

② 下面将照片处理为有层次的黑白色效果。单击编辑工具 ✍，在上方选择"B&W"图标，如图 7.95 所示，得到如图 7.96 所示的效果。

图7.95

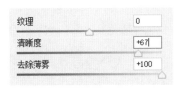

图7.96

初步调整好黑白效果后，照片显得非常灰暗，缺少立体感与反差，下面就来对其进行强化处理。

③ 选择"效果"选项卡，并向右拖动"去除薄雾"和"清晰度"滑块，如图 7.97 所示，以增强画面的通透感、立体感与细节，如图 7.98 所示。

纹理	0
清晰度	+67
去除薄雾	+100

图7.97

图7.98

通过上面的调整，大大强化了照片的反差，但同时也导致其曝光存在一定问题，下面分别来对其进行校正处理。

④ 选择"亮"选项卡，调整各个参数，如图 7.99 所示，以改善照片的曝光与对比，如图 7.100 所示。

图7.99

图7.100

上面是以天空为主进行的曝光调整，此时观察地面上的大山和平地，仍有较严重的曝光问题，下面分别对其进行调整。

05 单击蒙版工具 🔘，然后选择"画笔"选项，并在右侧设置的画笔大小等参数，如图 7.101 所示，然后在大山上涂抹，以确定调整的范围，如图 7.102 所示。

图7.101

图7.102

06 在右侧"亮"选项卡中设置适当的参数，如图 7.103 所示，直至得到满意的调整效果，如图 7.104 所示。

图7.103

图7.104

提 示 ——————————————

若对此范围不满意，可以按住Alt键进行涂抹，以减小调整范围。

07 单击创建新蒙版图标 ➕，在弹出的列表中选择"画笔"选项，使用画笔工具 ✏ 在平地上进行涂抹，并设置相应的参数，如图 7.105 所示，以适当降低其曝光度，使照片整体显得更为协调，如图 7.106 所示。

图7.105

图7.106

第8章　人像类RAW 照片处理实战

8.1 将寻常人文照片处理成为充满回忆的感觉

本案例照片中的小孩表情非常成熟，是一种超越他的年龄，好像略带回忆的感觉，通过对画面色彩和高光区域的修饰，把照片制作成了一张色调微微泛黄、淡淡地透出一点绿的复古色调。下面讲解详细的操作步骤。

①在 Photoshop 打开随书所附的素材"第 8 章 \8.1- 素材 .jpg"，如图 8.1 所示。

图8.1

②在图层面板中，单击鼠标右键，将背景图层转为智能对象，如图 8.2 所示。

图8.2

③执行"滤镜" | "Camera Raw 滤镜"命令，进入到 Camera Raw 滤镜中。首先需要把画面中的高光区域压暗一些，在"亮"选项卡中，分别调整"高光"和"曝光"的

数值，如图 8.3 所示，得到如图 8.4 所示的图像效果。

图8.3　　　　图8.4

④选择"颜色"选项卡中，降低画面的自然饱和度，如图 8.5 所示，得到如图 8.6 所示的效果。

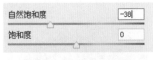

图8.5

图8.6

⑤接下来调整色彩，保持选择"颜色"选项卡中，分别调整"色温"和"色调"数值，如图 8.7 所示，使画面的色彩偏黄和偏绿一些，如图 8.8 所示。

图8.7

图8.8

07　接下来使用画笔工具对雕像进行局部修饰
　　处理，单击工具栏中的蒙版工具 ，选择
　　"画笔"选项，以创建蒙版 1，设置"亮"
　　选项卡中的参数如图 8.11 所示，使雕像及
　　台阶的高光区域曝光降低一些以展示出更
　　多细节，调整后的图像效果如图 8.12 所示。

图8.11 　　　　　　　　图8.12

06　此时画面的明暗对比明显，在"亮"选项卡
　　中，提升"阴影"数值，如图 8.9 所示，使
　　画面的阴影区域变亮一些，如图 8.10 所示。

图8.9

08　然后给雕像的纹理增强一点，让画面的年
　　代感更为久远，这样更符合回忆的主题。
　　在"效果"选项卡中，调整"清晰度"和"去
　　除薄雾"的参数，如图 8.13 所示，在"细
　　节"选项卡中，调整"锐化程度"的参数，
　　如图 8.14 所示，得到如图 8.15 所示的图像
　　效果。

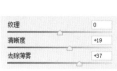

图8.13

图8.14

图8.10

图8.15

⑨ 接着对小朋友的面部进行局部修饰处理，单击工具栏中的蒙版工具，单击"创建新蒙版"图标，选择"画笔"选项，以创建蒙版 2，设置"亮"选项卡中的参数如图 8.16 所示，使雕像及台阶的高光区域曝光降低一些以展示出更多细节，调整后的图像效果如图 8.17 所示。单击"确定"选项，保存设置并退出 Camera Raw 滤镜。

图8.19

图8.16   图8.17

⑩ 接下来使用液化功能对小朋友的面部做修饰。执行"滤镜"|"液化"命令，进入液化参数界面，首先调整眼睛的大小，让他显得更萌些，然后将他的鼻子缩小、脸部的宽度缩小，再收一点下颚和前额，让小朋友显得更加清秀一些。如图 8.18 所示为参数设置，如图 8.19 所示为调整前后的对比效果。

⑪ 接下来对画面的一些细节进行调整。单击创建新的填充或调整图层按钮，在弹出的菜单中选择"曲线"命令，得到图层"曲线 1"，单击添加矢量蒙版按钮，为这个曲线调整图层添加蒙版，然后单击选择工具栏中的磁性套索工具，将人物和雕像都选中建立选区，设置前景色为黑色，为蒙版填充黑色，调整图层"曲线 1"的参数如图 8.20 所示，得到如图 8.21 所示的效果。

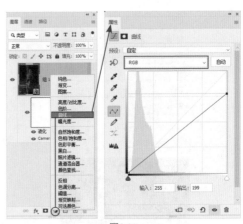
图8.20

图8.18

图8.21

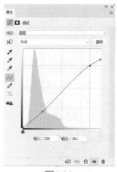

图8.23　　　　　　　图8.24

⑫ 单击创建新的填充或调整图层按钮 ，
在弹出的菜单中选择"曲线"命令，得到
图层"曲线 2"，单击添加矢量蒙版按钮
，为"曲线 2"添加蒙版，再单击选择
工具栏中的快速选择工具 ，将雕像选中
建立选区，在选中"曲线 2"的图层蒙版
的状态下，按住 Delete 键删除，然后按
Ctrl+D 键取消选区，在蒙版属性面板中选
择"反相"命令，如图 8.22 所示，然后调
整图层"曲线 2"的参数如图 8.23 所示，
得到如图 8.24 所示的效果。

图8.22

⑬ 单击创建新图层按钮 ，得到图层 1，将
图层混合模式设置为"叠加"模式，这一
步是要把眼睛再稍微提亮一点，让眼睛更
有神，设置前景色为白色，选择画笔工具，
在工具选项栏中设置合适流量和大小，用
画笔涂抹眼睛区域，得到如图 8.25 所示的
效果。

图8.25

⑭ 接下来处理背光发灰的面部，单击创建新
图层按钮 ，得到图层 2，将图层混合模
式设置为"颜色"模式，选择画笔工具，
在工具选项栏中设置合适的大小及流量，
按住 L 键对发灰的肤色进行取样，然后对
其进行涂抹，得到如图 8.26 所示的效果。

图8.26

接下来对整个画面做一些明暗方面的处理。比如台阶、人物的面部、门锁等区域，发现这些区域在画面中仍然是比较明显的。

⑮ 单击创建新的填充或调整图层按钮 ◿，在弹出的菜单中选择"曲线"命令，得到图层"曲线 3"，调整"曲线 3"的参数如图 8.27 所示。

图8.27

⑯ 为"曲线 3"单击添加矢量蒙版按钮 ▢，设置前景色为黑色，按 Alt+Delete 键将蒙版填充为黑色。然后设置前景色为白色，选择画笔工具，在工具选项栏中设置合适的画笔类型、流量及大小，用画笔涂抹台阶、人物的面部、门锁等区域，使曲线 3 只作用于这些区域，此时的图层面板如图 8.28

所示，涂抹后的图像效果如图 8.29 所示。

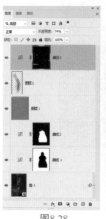

图8.28　　　　　图8.29

⑰ 观察图像发现背景处的柱子仍然偏亮，单击创建新图层按钮 ▣，得到图层 3，将图层混合模式设置为"柔光"模式，选择画笔工具，在工具选项栏中设置合适的大小及流量，用画笔涂抹后偏亮的柱子，设置图层的不透明度为 49%，如图 8.30 所示为涂抹前后对比效果。

图8.30

⑱ 同时按住 Shift+Alt+Ctrl+E 键盖印图层得到图层 4，单击鼠标右键选择"转换为智能对象"选项，执行"滤镜"—"其他"—"高反差保留"命令，在弹出的对话框中设置半径为 4.0 像素，如图 8.31 所示，再单击"确定"选项。

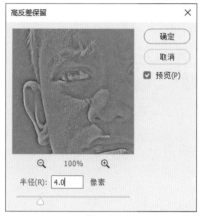

图8.31

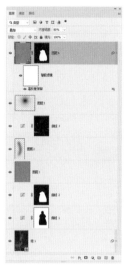

图8.33

⑲ 为图层 4 单击添加矢量蒙版按钮 ▣，
设置前景色为黑色、背景色为白色，按
Alt+Delete 键将图层 4 蒙版填充为黑色。
然后选中曲线 2 图层的蒙版,执行"选择"—
"载入选区"命令，保持选区激活的状态，
返回选择图层 4 蒙版，按 Ctrl+Delete 键为
选区填充为白色，设置图层混合模式为"叠
加"模式，图层不透明度为 80%，得到如
图 8.32 所示最终的图像效果，最终的图层
面板如图 8.33 所示。

8.2 增强夕阳下的亲子合影的温暖感

本案例素材是一张傍晚逆光拍摄的亲子合
影照片，综合运用曲线、色阶、照片滤镜、镜
头光晕及渐变映射等调色功能，使画面的对比
度、光影和温暖氛围都得到了提升。下面讲解
详细的操作步骤。

① 在 Photoshop 打开随书所附的素材"第 8
章 \8.2- 素材 .jpg"，如图 8.34 所示。

图8.32

图8.34

② 观察素材照片发现，画面整体都发灰，因
此需要增强画面的对比度。单击创建新的

填充或调整图层按钮 ◓.，在弹出的菜单中选择"曲线"命令，得到"曲线 1"图层，调整"曲线 1"图层的参数如图 8.35 所示，得到如图 8.36 所示的效果。

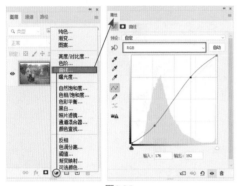

图8.35

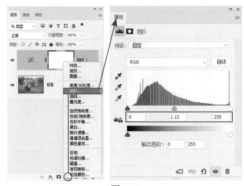

图8.37

图8.36

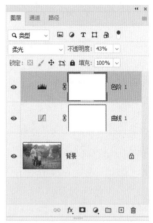

图8.38

03 将第 2 步对画面整体的对比度再稍微增强一些，单击创建新的填充或调整图层按钮 ◓.，在弹出的菜单中选择"色阶"命令，得到"色阶 1"图层，因为画面中背景、前景部分还稍微发暗，在色阶面板中，中间调需要提亮一点，如图 8.37 所示。然后"色阶 1"的图层混合模式设置为"柔光"，以进一步增强对比，并设置"不透明度"为 43% 获得自然的对比效果，图层面板如图 8.38 所示，调修后的效果如图 8.39 所示。

图8.39

04 经过前两步的增强对比操作后，人物的曝光需要重新调整，单击创建新的填充或调整图层按钮 ◓.，在弹出的菜单中选择"曲线"命令，得到"曲线 2"图层，调整"曲线 2"图层的参数如图 8.40 所示。

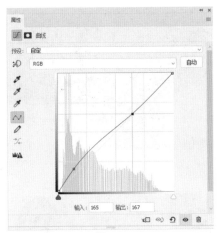

图8.40

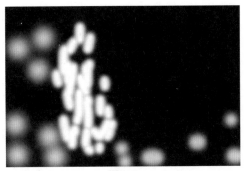

图8.42

05 单击添加矢量蒙版按钮 ，为曲线 2 添加图层蒙版，然后在图层蒙版属性面板中，单击选择"反相"选项，使蒙版变为黑色填充，如图 8.41 所示。然后设置前景色为白色，选择画笔工具并设置合适的画笔大小，来涂抹人物，如图 8.42 所示为画笔涂抹后显示蒙版中的状态，涂抹完成后，修改"曲线 2"图层的不透明度为 50%，以获得自然的效果。

提示

在使用画笔涂抹除人物以外的其他区域时，需要适当降低不透明度，使曲线2的应用效果在这些区域不显得突兀，而且在使用画笔涂抹时，不要一笔涂下来，这样涂出来的效果不太均匀，非常生硬。

06 由于素材照片是在黄昏下拍摄的，整体的环境，尤其是绿草部分，色调再暖一点会显得温馨，单击创建新的填充或调整图层按钮 ⊘，在弹出的菜单中选择"照片滤镜"命令，得到"照片滤镜 1"图层，调整"照片滤镜 1"图层的参数如图 8.43 所示。

图8.41

图8.43

07 单击添加矢量蒙版按钮 ，为"照片滤镜1"图层添加图层蒙版，然后在图层蒙版属性面板中，单击选择"颜色范围"选项，使用吸管工具 ✍ 对草地吸，如果有些区域

没选中或者还要增加所需的区域，则使用
🖊工具添加，在预览框中，白色代表的是
选择的区域，黑色代表没有选择的区域，
如图 8.44 所示，单击"确定"选项，即在"照
片滤镜 1"图层添加了图层蒙版，按住 Alt
键单击图层蒙版，可以查看蒙版效果，如
图 8.45 所示。

图8.46

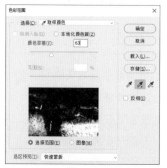

图8.44

图8.47

图8.45

08 观察蒙版效果可以看到，除了绿草部分被
选中外，在画面的上面部分还有一些灰色，
可以把这部分直接涂掉，设置前景色为黑
色，然后使用画笔工具对画面这些区域进
行涂掉，使照片滤镜仅作用于画面绿草的
部分，涂抹后的蒙版如图 8.46 所示，涂抹
后的图像效果如图 8.47 所示。

09 接下来提亮背光下人脸，单击创建新的填
充或调整图层按钮 ◑，在弹出的菜单中选
择"曲线"命令，得到"曲线 3"图层，
调整"曲线 3"图层的参数如图 8.48 所示。
然后在曲线属性面板中单击旁边的蒙版图
标，选择"反相"选项使蒙版填充为黑色，
设置前景色为白色，选择画笔工具并设置
合适的大小和不透明度，对人脸进行涂抹，
涂抹后的应用效果如图 8.49 所示。

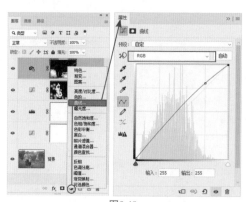

图8.48

图8.49

⑩ 接下来模拟夕阳西下的太阳照射效果，画面中其实已经有太阳光斑效果，但还可以增强光斑效果。按住 Alt 键的同时点新建图层图标 ⊞，在弹出的对话框中设置如图 8.50 所示的参数，单击"确定"选项，得到图层 1。

图8.50

⑪ 选中图层 1 单击鼠标右键，选择"转换为智能对象"选项，然后执行"滤镜"|"渲染"|"镜头光晕"命令，在弹出的对话框中设置如图 8.51 所示的参数，单击"确定"选项，得到如图 8.52 所示的效果。

图8.51

图8.52

⑫ 最后创建一个渐变填充图层，来模拟太阳的光晕。单击创建新的填充或调整图层按钮 ⊙，在弹出的菜单中选择"渐变"命令，得到"渐变填充 1"图层，在渐变编辑器对话框中设置左边色标的色值为 f6c530 的黄色，设置左边色标后单击确定，然后在靠右的地方单击添加一个色标，再删除原来默认的右边的图标，如图 8.53 所示，单击"确定"选项，设置"渐变填充 1"图层的混合模式为"线性减淡（添加）"模式，并设置不透明度为 16%，得到如图 8.54 所示的最终图像效果，最终的图像面板如图 8.55 所示。

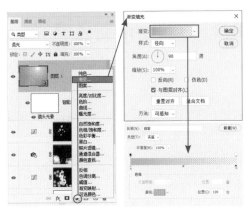

图8.53

图8.54

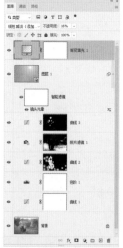

图8.55

8.3 唯美小清新色调

本例制作的小清新色调效果，较偏向于沉稳、低调又不乏清新、清爽的视觉感受，因此较适合画面较为甜美、忧郁的主题，不适合过于张扬的画面。本例在制作时，较适合以绿色或其他较为自然清新的色彩为主的照片，且照片的对比度不宜过高，色彩也不必过于浓郁。

01 打开随书所附素材"第8章\8.3-素材.nef"，如图 8.56 所示，以启动 Camera Raw 软件。

图8.56

02 单击配置文件旁边的 ▦ 图标，选择"Camera Matching"分类下的"人像"选项，如图8.57所示，以针对人像照片优化其色彩与明暗，如图 8.58 所示。

图8.57   图8.58

下面将通过编辑"曲线"选项卡中的通道，初步调出照片的冷的效果。

03 选择"曲线"选项卡中，选择红色通道图标，并向下拖动右上角的调节线节点，如图8.59所示，以改变高光区域的颜色，如图8.60所示。

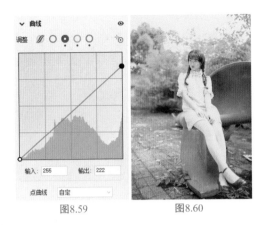

图8.59　　　　　图8.60

04　按照上述方法，再分别调整"绿"和"蓝"
　　通道，以改变照片的颜色，直至得到满意
　　的效果为止，如图 8.61~ 图 8.64 所示。

图8.61　　　　　图8.62

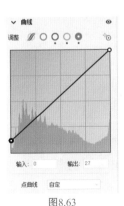

图8.63　　　　　图8.64

通过上面的调整，照片已经初步具有了小
清新的色调效果，但还不够充分，下面再来做

进一步的润饰处理。当前画面显得较为朦胧，
像有雾气一样，下面先来对其进行处理，使画
面显得更加通透。

05　选择"效果"选项卡，向右拖动"去除薄雾"
　　滑块，如图 8.65 所示，以增强画面的通透感，
　　如图 8.66 所示。

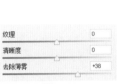

图8.65　　　　　图8.66

此时，照片色彩较为灰暗，下面来分别对
其进行适当的美化处理。

06　在"混色器"选项卡中选择"饱和度"子
　　选项，并在其中设置适当的参数，如图 8.67
　　所示，以优化相应色彩的饱和度，直至得
　　到满意的效果，如图 8.68 所示。

图8.67　　　　　图8.68

 提 示

此处提高饱和度的处理，如果希望简单、

快速的进行调整，也可以在"颜色"选项卡中调整"自然饱和度"和"饱和度"参数，但这样是对整体进行调整的，可能会出现部分颜色过度饱和的问题，而本步所使用的方法是分别针对不同的色彩进行提高饱和度处理，因此更能够精确拿捏调整的尺度，读者在实际处理时，可根据情况需要选择恰当的方法。

通过前面的调整，照片已经基本处理完成，但仔细观察，仍然可以发现一些细节上的瑕疵，下面分别来对其进行处理。首先，人物面部的由于补光不足，因此显得较暗，下面先来对面部进行调亮处理。

⑦ 单击工具栏中的蒙版工具 ，然后选择"画笔"选项，设置"画笔"的参数如图 8.69 所示，使用画笔工具在人物面部涂抹，以确定调整的范围，如图 8.70 所示。

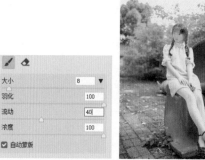

图8.69　　　　　　图8.70

⑧ 在右侧设置适当的参数，如图 8.71 所示，直至得到满意的调整结果，如图 8.72 所示。若对此范围不满意，可以按住 Alt 键进行涂抹，以缩小调整范围。

图8.71　　　　　　图8.72

观察地面可以看出，其中包含较多的杂物，在很大程度上影响了照片的美感，下面就来将其中较明显的杂物修除。

⑨ 选择修复工具 并设置适当的画笔参数，如图 8.73 所示，然后将光标置于要修除的对象上并涂抹，直至将其完全覆盖，释放鼠标左键，即可自动根据当前斑点周围的图像进行智能修除处理，如图 8.74 所示。

图8.73

图8.74

在修除过程中，可能需要使用不同的画笔大小，用户可以按住Alt键并向左、右拖动鼠标右键，以快速调整画笔大小。

⑩ 按照上述方法，再对其他的杂物进行修除，直至得到满意的效果，如图 8.75 所示。

图8.75

下面来对照片进行锐化处理，以提高其细节的表现力。

⑪ 单击编辑工具 ，然后在"细节"选项卡中的"锐化"区域中调整参数，如图 8.76 所示，以锐化细节，直至得到满意的效果为止。锐化前后的对比效果如图 8.77 和图 8.78 所示。

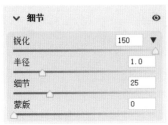

图8.76

图8.77

图8.78

提　示

由于本例中的照片是 RAW 格式且尺寸较大，因此设置的参数也较高。读者在处理时，可以根据实际情况进行参数设置。

8.4　将夏天绿树人像照片调修成唯美秋意色调

秋天具有鲜明的季节特色，在与人像摄影相结合时，往往利用其特有的黄色、橙色以及红色等，表现其特有的含蓄、诗意之美。当然，在实际拍摄时，我们不可能只停留在秋天，因此要使照片具有秋天的美，就需要后期处理来获得。在本例中，原照片拍摄于夏天，画面中绿色较多，因此在调整过程中，要通过大幅的色彩调整，将其改为秋天的黄色，并针对人像照片，做适当的明暗优化，以凸显画面的美感。

① 打开随书所附的素材"第 8 章 \8.4- 素材 .nef"，以启动 Camera Raw 软件。

在对照片进行调色处理前，首先来为其指定一个适合当前照片的配置文件，这可以帮助我们对照片快速进行一定的色彩优化，并且会影响到后面的调整结果。

② 单击配置文件旁边的 图标，选择"Camera Matching"分类下的"人像 V2"选项，如图 8.79 所示，以针对人像照片优化其色彩与明暗，如图 8.80 所示。

图8.79

图8.81

图8.80

下面对照片整体的曝光与色彩进行初步处理。

③ 分别选择"亮""颜色"和"效果"选项卡，并分别设置各个参数，如图 8.81 所示，以优化照片的曝光与色彩，降低照片的明暗对比，将初步照片的色彩调整为偏暖黄的效果，如图 8.82 所示。

图8.82

在本例的原始照片中，是以绿色为主，而本例是要将照片调整为具有秋意的视觉效果，因此下面来对照片中的绿色从色相、饱和度及明亮度三个方面，分别做大幅的调整，使其有秋意的感觉。

④ 在"混色器"选项卡中，分别选择"色相""饱和度"和"明亮度"子选项卡，并在其中设置适当的参数，如图 8.83~ 图 8.85 所示，直至得到如图 8.86 所示的图像效果。

图8.83　　　　　　　　图8.84

图8.87

图8.85

图8.88

此时，照片已经初步具有秋景的色彩，但还不够浓郁，下面继续强化其色彩效果。

06　选择"曲线"选项卡，然后选择"蓝""红"和 RGB 选项，并在调节线上按住鼠标左键拖动，以添加节点并调整其亮度，如图 8.89~ 图 8.91 所示，直至得到如图 8.92 所示的图像效果。其中"蓝""红"通道主要是调整照片的色彩，而 RGB 的调整是为了强化照片的对比。

图8.86

05　下面再来对现有的色彩做适当的润饰。选择"颜色分级"选项卡中的"高光"选项，拖动"色相"和"饱和度"的滑块，如图 8.87 所示，以改变高光范围的色彩，直至得到如图 8.88 所示的图像效果。

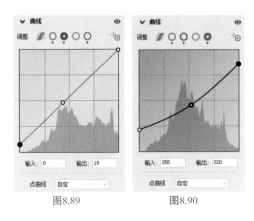

图8.89　　　　　　　图8.90

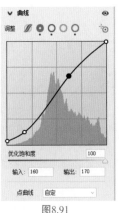

图8.91

图8.92

当前照片整体拥有的是一个统一的秋景色调，在视觉上略显单一，因此下面来对照片进行冷暖效果的对比处理。由于上半部分存在较多的树叶和阳光，因此比较适合保持为暖调色彩，因此下面将照片的下半部分添加一定的冷调效果。

⑰ 单击蒙版工具🔘，选择"线性渐变"选项，按住 Shift 键从下向上处拖动，以确定调整的范围，然后分别在"颜色"和"效果"选项卡中设置适当的参数，如图 8.93 和图 8.94 所示，直至得到如图 8.95 所示的图像效果。

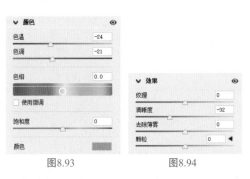

图8.93　　　　　　　　　图8.94

图8.95

8.5　梦幻淡蓝色调

本例制作的是一个以美少女人像为主体，以淡蓝色为主调的照片效果，这也是近年来比较流行和常用的一种效果，其特点就是画面较为清爽、明快、干净、自然，因而得到了很多人的喜爱。在调整过程中，主要是通过白平衡与调整曲线，使照片初步具有蓝调效果，然后结合曝光调整，使画面变得更为轻快。

⓵ 打开随书所附素材"第8章\8.5-素材.nef"，以启动 Camera Raw 软件。

在对照片进行调色处理前，首先来为其指定一个适合当前照片的配置文件，这可以帮助我们快速对照片进行一定的色彩优化，并且会影响后面的调整结果。

⑫ 单击配置文件旁边的 图标，选择 "Camera Matching" 分类下的 "人像" 选项，如图 8.96 所示，以针对人像照片优化其色彩与明暗，如图 8.97 所示。

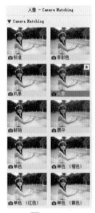

图 8.96

图 8.97

当前照片较偏暖，因此首先对其进行冷调色彩调整，首先是通过调整白平衡的方法。

⑬ 选择 "颜色" 选项卡，适当调整 "色温" 与 "色调" 参数，如图 8.98 所示，以初步确定照片整体的色调，如图 8.99 所示。

图 8.98

图 8.99

此时，照片的曝光问题越加明显，因此下面再来对其亮度与对比度进行适当的调整。

⑭ 选择 "亮" 选项卡，分别调整 "曝光" 和 "对比度" 参数，如图 8.100 所示，以改善照片的曝光与对比，如图 8.101 所示。

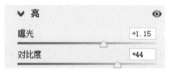

图 8.100

图 8.101

⑮ 继续在 "亮" 选项卡中调整参数，如图 8.102 所示，以优化其中的高光和暗部部分，使画面变得更加轻快，如图 8.103 所示。

图8.102

图8.103

通过上面的调整，我们已经初步调整好照片的基本色调与曝光，下面再对其细节和色彩进行润饰调整。

06 分别选择"颜色"和"效果"选项卡，分别拖动各个滑块，如图 8.104 所示，以调整照片的色彩，并降低照片的立体感与细节，使人物变得更加柔和，如图 8.105 所示。

图8.104

图8.105

07 选择"曲线"选项卡中的蓝色通道选项，在调节线上按住鼠标左键拖动，以添加节点以增强照片中的蓝色，如图 8.106 所示，得到如图 8.107 所示的图像效果。

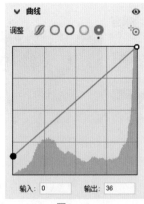

图8.106

图8.107

通过上面的调整，照片整体已经变成偏冷调的效果，人物皮肤也显得过冷了，下面针对此问题进行处理。

08 单击蒙版工具 ，选择"画笔"选项，并在右侧设置的画笔大小等参数，如图 8.108

所示。使用画笔工具✐在人物身上涂抹，以确定调整的范围（为便于观看，笔者选中了"显示叠加"选项，以显示调整的范围），如图 8.109 所示。

图8.108

图8.109

⑨ 在右侧设置"色温"的参数，如图 8.110 所示，直至得到如图 8.111 所示的调整结果。若对此范围不满意，可以按住 Alt 键进行涂抹，以缩小调整范围。

图8.110

图8.111

通过前面的调整，人物的色彩变得较为正常，但可以明显看出牙齿的颜色有些发黄，显得不太美观，故对其进行适当的调整。要注意的是，受Camera Raw功能的限制，我们很难将这种泛黄的效果完全修除，只能尽量将其修除。用户也可以在完成其他处理后，转至Photoshop中进行细致的调整，以彻底解决此问题。

⑩ 在蒙版界面中，单击创建新蒙版图标➕，在弹出的列表中选择"画笔"选项，然后按照上一步的方法，使用画笔工具✐在人物牙齿上进行涂抹，并在右侧设置参数，如图 8.112 所示，以修复牙齿泛黄的问题。如图 8.113 所示是修复前后的局部效果对比。

图8.112

图8.113

观察照片可以看出，由于镜头品质和光线等因素的影响，人物身体边缘有较明显的绿边，尤其是人物面部，因此下面来对其进行修除。

⑪ 单击编辑工具 ≥，选择"光学"选项卡，拖动"去边"区域中的"绿色数量"滑块，如图 8.114 所示，直至得到满意的效果。如图 8.115 所示为去边前后的局部效果对比。

图8.114

图8.115

在前面放大显示人物面部时，可以看出较小的斑点，虽然在缩小显示比较时基本看不到，但出于严谨的态度，还是应该将其修除。

⑫ 单击修复工具 ✐，在参数界面上方选择修复工具 ✐，并设置适当的画笔参数，如图 8.116 所示。然后将光标置于斑点上，并保证当前的画笔大小能够完全覆盖目标斑点，单击鼠标左键，即可自动根据当前斑点周围的图像进行智能修除处理，其中红色圆圈表示被修除的目标图像，绿色圆圈表示源图像，如图 8.117 所示。

图8.116 图8.117

在修除过程中，可能需要使用不同的画笔大小，用户可以按住Alt键并向左、右拖动鼠标右键，以快速调整画笔大小。

⑬ 如图 8.118 所示，是选择其他工具后显示的最终整体效果。

图8.118

8.6　经典蓝黄色调

蓝黄色调是一种较常见的调色效果，配合照片的主题，如忧郁、沉思等，能让照片显得更加深沉、更有内涵。在处理过程中，主要是将暗部处理为深蓝色，亮部处理为暖黄色，因此除了基本的曝光处理外，主要针对会亮部和暗部进行色彩处理，从而制作得到经典的蓝黄色调效果。

01　打开随书所附素材"第 8 章\8.6- 素材 .nef"，以启动 Camera Raw 软件。

在对照片进行调色处理前，首先来为其指定一个适合当前照片的配置文件，这可以帮我们快速对照片进行一定的色彩优化，这样也会影响到后面的调整结果。

02　单击配置文件旁边的 图标，选择"Camera Matching"分类下的"人像"选项，如图 8.119 所示，以针对人像照片优化其色彩与明暗，如图 8.120 所示。

图8.119　　　　　图8.120

下面将通过编辑"曲线"选项卡中的通道，初步调出照片蓝黄色调的效果。

03　选择"曲线"选项卡中的蓝通道面板，在调节线上按住鼠标左键拖动，以添加节点

并调整高光和暗部的色彩，如图 8.121 所示，调整后的图像效果如图 8.122 所示。

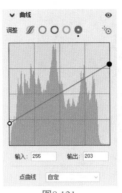 

图8.121　　　　　图8.122

下面继续在"颜色分级"选项卡中强化照片的色彩。之所以该选项卡中的参数进行调整，主要是因为它是分别针对照片的高光和暗部进行调整的，刚好符合本例中分别对高光和暗部进行调色的需求。

04　选择"颜色分级"选项卡，分别选择"高光"和"阴影"子选项，分别拖动"色相"和"饱和度"选项的滑块，如图 8.123 和图 8.124 所示，以改变照片的色彩，直至得到如图 8.125 所示的图像效果。

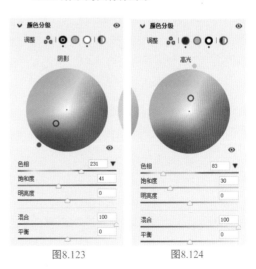

图8.123　　　　　图8.124

图8.125

图8.126

照片中烟雾所占的面积较大，而且缺乏层次感，下面来对其进行适当的校正处理，使画面显得更加通透。此外，再大致以人物的皮肤为主，进行适当的柔滑处理。

05 选择"效果"选项卡，向右拖动"去除薄雾"滑块，以增强画面的通透感，向左侧拖动"清晰度"滑块，使人物变得更加柔滑，如图 8.126 所示，得到如图 8.127 所示的最终图像效果。

图8.127

第9章 风光类RAW 照片处理实战

9.1 林间唯美意境效果处理

清晨时，林间常常会伴有雾气产生，此时可以在很大程度上提高画面的唯美意境。但在雾气较强时，画面容易显得灰暗，整体缺乏对比和层次，尤其是在缺少充足的光线时，高光会有所欠缺，导致画面不够通透。本例在曝光处理方面，主要是以提升画面各部分的对比为主，让其显现出清晰的层次，但要注意，对于雾气较大的地方，可能会产生"死白"问题，此时应充分利用RAW格式的优势，进行恰当的恢复处理；在色彩处理方面，本例将原本以绿色为主的树木，调整成为以暖色为主的效果，以更好地突出画面的唯美意境。

① 打开随书所附素材文件"第 9 章 \9.2- 素材 .CR2"，以启动 Camera Raw 软件。

观察照片可以看出，其左侧存在一些多余的枝叶，而且色彩和亮度都较为突出，使画面的焦点变得分散，而且从画面表现上来看，目前水面及树木所占的画面比例也较低，因此下面将通过裁剪处理，将左侧及底部的部分图像裁掉，使照片的重点更为突出。

② 使用裁剪工具 <kbd>🔲</kbd> 并在照片中绘制裁剪框，以确定要保留的区域，如图 9.1 所示。

图9.1

③ 设置完成后，按 Enter 键确认裁剪即可，得到如图 9.2 所示的图像效果。

图9.2

当前画面中存在一定的雾气，使画面内容不够通透，因此下面将通过调整，减少雾气，使景物变得更加清晰。该处理操作会减少一定的雾气，但有利于提高画面的层次，缺少雾气导致画面氛围不足的问题，我们会在Photoshop中进行补偿处理。

③ 单击编辑工具 <kbd>🔧</kbd>，展开"效果"选项卡，适当提高其中的"去除薄雾"和"清晰度"参数，如图 9.3 所示，使景物变得更加清晰，如图 9.4 所示。

图9.3

图9.4

 提 示

　　此处对雾气的参数并非固定，读者可以根据自己的喜好进行适当的调整，要注意的是，在降低Dehaze参数时，画面可能会出现一定的曝光过度，因此要注意进行相应的校正处理。

④ 在"颜色"选项卡中分别设置"色温""色调"与"自然饱和度"参数，如图 9.5 所示，以初步改变照片的色调及整体的色彩，如图 9.6 所示。

图9.5

图9.6

⑤ 在"亮"选项卡中，分别设置"对比度""高光""阴影""白色""黑色"参数，如图 9.7 所示，从而对细节进行适当的曝光调整，如图 9.8 所示。

图9.7

图9.8

　　上一步的调整主要是让高光和暗部显示出更多的细节，从而让整体的曝光更加均衡。尤其是中间水面上的高光，这是体现画面氛围以及曝光平衡的关键点，可以略有一些曝光，但切忌出现曝光不足的问题。对当前照片来说，由于涉及的高光区域较多，难以单纯地通过上述参数进行有效的处理，因此在初步调整了曝光后，下面来继续对高光进行优化，首先我们从面积较大的天空区域开始处理。

⑥ 单击蒙版工具◎，选择"径向渐变"，并在右侧适当设置其"羽化"参数，如图 9.9 所示。

图9.9

07 使用径向渐变工具大致以天空的中心点为起点，绘制一个椭圆形的渐变调整框，并分别在右侧"亮""颜色""效果""细节"选项卡中设置适当的参数，如图 9.10 和图 9.11 所示，以降低其曝光量，修复其曝光过度的问题，增强天空区域的色调与细节，如图 9.12 所示。

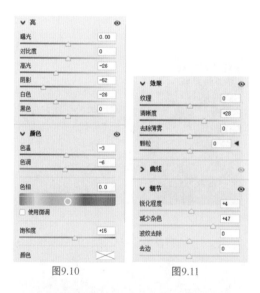

图9.10　　　　图9.11

图9.12

08 按照上述方法，再以水面为中心绘制椭圆

形渐变调整框，并在右侧设置适当的参数，如图 9.13 和图 9.14 所示，以加强水面的高光，如图 9.15 所示。

图9.13　　　　图9.14

图9.15

至此，我们已经初步调整好了画面的曝光度，当前的照片，主要是画面的色彩不够鲜艳，下面来对其中的色彩进行优化处理。

09 单击"编辑"工具退出蒙版返回编辑界面，展开"混色器"选项卡中的"饱和度"子选项卡，并分别拖动其中的各个滑块，如图 9.16 所示，以针对红色、橙色等色彩进行提高饱和度的处理，得到如图 9.17 所示的效果。

图9.16

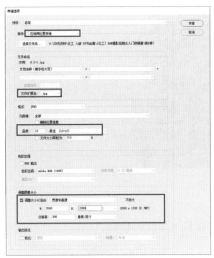

图9.18

⑪ 设置完成后，单击"存储"按钮即可在当前 RAW 照片相同的文件夹下生成一个同名的 JPG 格式照片。

⑫ 在 Photoshop 中打开上一步存储的 JPG 格式照片，然后单击创建新的填充或调整图层按钮 ⊘. ，在弹出的菜单中选择"曲线"命令，得到图层"曲线 1"，在"属性"面板中设置参数，如图 9.19 所示，来调整照片整体的颜色及亮度，如图 9.20 所示。

图9.17

　　至此，我们已经基本调整好画面的整体色彩及曝光，下面将转至Photoshop中对细节及天空进行处理。

⑩ 单击 Camera Raw 软件右上角的"转换并存储图像"按钮 ⊡ ，在弹出的对话框中适当设置输出参数，如图 9.18 所示。

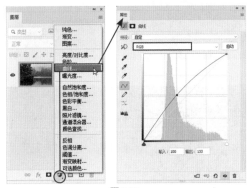

图9.19

图9.20

⑬ 选择"曲线 1"的图层蒙版，按 Ctrl+I 键执行"反相"操作，设置前景色为白色，选择画笔工具 ✐ 并在其工具选项栏上设置适当的参数，然后在水面的高光区域进行涂抹，以显示出调整图层对该区域的处理，如图 9.21 所示。

⑭ 按住 Alt 键单击"曲线"的图层蒙版缩略图，可以查看其中的状态，如图 9.22 所示。

图9.21

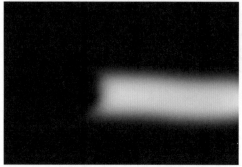

图9.22

至此，我们基本完成了对照片的处理，因此下面来对整体的立体感及细节锐度做适当的调整。

⑮ 选择"图层"面板顶部的图层，按 Ctrl + Alt + Shift + E 键执行"盖印"操作，从而将当前所有的可见图像合并至新图层中，得到"图层 1"。

⑯ 选择"滤镜—其他—高反差保留"命令，在弹出的对话框中设置"半径"数值为 3.7，执行命令后的图像效果如图 9.23 所示。

⑰ 设置"图层 2"的混合模式为"叠加"，不透明度为 65%，以强化照片中的细节、提升其立体感，得到如图 9.24 所示图像效果。如图 9.25 所示为锐化前后的局部效果对比。

图9.23

图9.24

图9.25

观察照片整体可以看出，由于前面做一较大幅的提高画面立体感的处理，导致原有的雾气效果大幅减弱，影响了对画面意境的表现，因此下面来对其进行补充处理。

⑱ 新建得到"图层 2"，按 D 键将前景色和背景色恢复为默认的黑白色，选择"滤镜—渲染—云彩"命令，以制作得到随机的云彩效果，如图 9.26 所示。

⑲ 设置"图层 2"的混合模式为"柔光"，不透明度为 73%，使云彩与下面的照片融合起来，如图 9.27 所示。

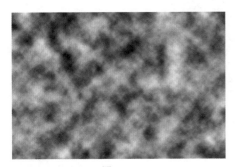

图9.26

图9.27

通过上一步为照片添加云彩后，画面显得有些发灰，下面再来对其进行一定的优化处理。

⑳ 选择"图层"面板顶部的图层，按 Ctrl + Alt + Shift + E 键执行"盖印"操作，从而将当前所有的可见图像合并至新图层中，得到"图层 3"。

㉑ 选择"滤镜—模糊—高斯模糊"命令，在弹出的对话框中设置"半径"数值为 5.9，单击"确定"按钮退出对话框，得到如图 9.28 所示的图像效果。

㉒ 设置"图层 3"的混合模式为"柔光"，以增强整体的色彩饱和度与对比度，同时，由于之前做过一定的模糊处理，因此能够获得一定的柔光效果，让整体的氛围更佳，如图 9.29 所示。

图9.28

图9.29

此时，画面右侧的色彩和对比得到了较好的效果，但左侧的树木由于之前就比较暗，因此在设置混合模式后，显得有些过暗了，下面来将其恢复回来。

㉓ 单击添加图层蒙版按钮 ▢ 为"图层3"添加图层蒙版，设置前景色为黑色，选择画笔工具 ✐ 并设置适当的画笔大小及不透明度，在左侧区域涂抹以将其隐藏，得到如图 9.30 所示的图像效果。

㉔ 按住 Alt 键单击"图层3"的图层蒙版缩略图，可以查看其中的状态，如图 9.31 所示。

图9.30

图9.31

调整右侧区域后，左侧区域又显得相对较暗，因此下面再来将其进行一定的提亮处理，由于该范围刚好与"图层3"的图层蒙版的范围相反，因此将直接借助该图层蒙版进行处理。

㉕ 单击创建新的填充或调整图层按钮 ⬤，在弹出的菜单中选择"曲线"命令，得到图层"曲线2"，如图 9.32 所示。按住 Alt 键拖动"图层3"的蒙版至"曲线2"上，在弹出的对话框中单击"是"按钮即可，以复制图层蒙版，并按Ctrl+I键执行"反相"操作。

㉖ 双击"曲线2"的图层缩略图，在"属性"面板中设置其参数，以提高左侧区域的亮度，得到如图 9.33 所示的图像效果。

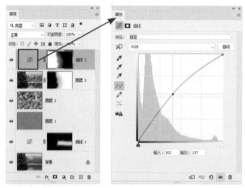

图9.32

图9.33

对于当前的照片，还存在明显的瑕疵，就是其中有多余的人物存在，下面就来将其修除。

㉗ 新建一个图层得到"图层4"，选择仿制图章工具 ♣ 并在其工具选项栏上设置参数。

㉘ 按住 Alt 键在人物周围的位置单击以定义复制的源图像，然后在要修复的位置进行涂抹，直到得到如图 9.34 所示的最终图像效果。

图9.34

9.2　唯美紫色调瀑布景色

在拍摄溪水或瀑布时，由于存在大量流动的水花，进而产生较多的光线反射，因此通过长时间曝光拍摄的丝滑流水画面，容易出现曝光过度的问题。此时需要提前对曝光进行预判，也就是适当降低一定的曝光，但容易产生的问题就是，画面会偏灰、曝光不足。在本例中，由于环境光线并不充足，因此画面显得更加灰暗。在处理过程中，为了更好地调出画面的层次，需要进行较精确的分区处理，并在Camera Raw中调整完毕后，再转至Photoshop中，对照片的细节做最后的润饰处理。

01 打开随书所附素材"第9章\9.2-素材.NEF"，以启动 Camera Raw 软件。

本例主要的后期处理工作是在Photoshop中完成的，因此当前在Camera Raw中的处理，主要是利用RAW格式的宽容度，对较明显的曝光及色彩方面的问题进行一定的优化，剩余的大部分工作再转至Photoshop中继续。下面先对整体的色彩与曝光进行处理。

02 分别选择"亮"和"颜色"选项卡，分别调整曝光和白平衡，如图 9.35 和图 9.36 所示，初步校正整体的色彩倾向，并显示出更多的高光与暗部的细节，如图 9.37 所示。

图9.35

图9.36

图9.37

03 当前照片存在较明显的雾蒙蒙的感觉，下面进行优化处理，展开"效果"选项卡，并向右拖动"去除薄雾"滑块，如图 9.38 所示，使画面变得更加通透，如图 9.39 所示。

图9.38

图9.39

观察照片可以看出，其天空和水面的色彩显示较为怪异，尤其是水面的色彩，已经呈现出碧绿的效果，下面来对其进行处理。

04 在"混色器"选项中分别选择"色相"和"明亮度"选项卡，分别拖动各滑块，如图9.40和图9.41所示，以调整其中的色彩，得到如图9.42所示的图像效果。

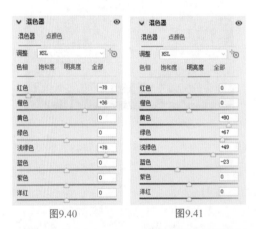

图9.40   图9.41

图9.42

在本例中，希望将照片调整为具有蓝紫色调的效果，这里将使用"配置文件"和"校准"选项卡中的参数进行调整，下面来讲解具体处理方法。

05 单击编辑栏最上方"配置文件"旁边的浏览配置文件图标，选择 Camera Matching 列表中的"展平"选项，如图 9.43 所示，然后展开"校准"选项卡，并调整"蓝原色"选项参数，如图 9.44 所示，使画面具有一定的紫色调效果，如图 9.45 所示。

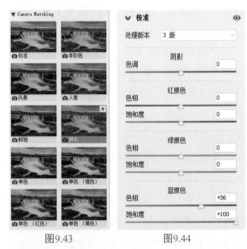

图9.43   图9.44

图9.45

本例的主要工作是要为照片更换新的天空，并制作背景，这些都是要在Photoshop中才可以顺利完成的工作，因此在前面利用RAW格式的宽容度，适当调整其基本属性后，下面要将其转换为JPG格式，然后在Photoshop中做进一步的处理工作。

⑥ 单击 Camera Raw 软件右上角的"转换并存储图像"按钮，在弹出的对话框中适当设置输出参数，如图 9.46 所示。

图9.46

⑦ 设置完成后，单击"存储"按钮即可在当前 RAW 照片相同的文件夹下生成一个同名的 JPG 格式的照片。

当前的画面仍然显得较为灰暗，因此下面来对整体的曝光与对比进行优化。

⑧ 在 Photoshop 中打开上一步导出的 JPG 格式照片，单击创建新的填充或调整图层按钮，在弹出的菜单中选择"曲线"命令，得到图层"曲线 1"，在"属性"面板中设置其参数，如图 9.47 所示，以调整图像的颜色及亮度，如图 9.48 所示。

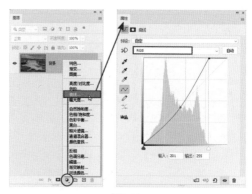

图9.47

图9.48

通过上一步的调整，不仅让照片变得不再灰暗，同时也提高了一定的色彩效果，这也是调整曝光时特有结果，但显然，仅仅通过调整曝光对色彩的影响还有限，当前的色彩效果还有进一步提升的空间，下面就来进行处理。

⑨ 单击创建新的填充或调整图层按钮，在弹出的菜单中选择"可选颜色"命令，得到图层"选取颜色 1"，在"属性"面板中设置其参数，如图 9.49~ 图 9.51 所示，以调整照片的颜色，如图 9.52 所示。

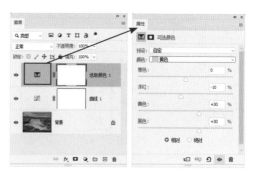

图9.49

图9.50　　　　　　　　　图9.51

图9.54

图9.52

前面是对照片整体进行的优化处理，从结果上可以看出，其右侧相对于其他区域，仍然存在明显的偏灰问题，下面来对该局部进行处理。

⑩ 单击创建新的填充或调整图层按钮 ◯，在弹出的菜单中选择"曲线"命令，得到图层"曲线2"，在"属性"面板中设置其参数，如图 9.53 所示，以调整图像的颜色及亮度，如图 9.54 所示。

⑪ 选择"曲线2"的图层蒙版，按 Ctrl+I 键执行"反相"操作，设置前景色为白色，选择画笔工具 ✐ 并在其工具选项栏上设置适当的参数，如图 9.55 所示。

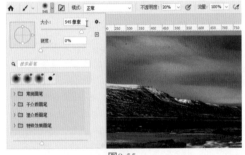

图9.55

⑫ 使用画笔工具 ✐ 在右侧区域进行涂抹，直至得到满意的调整结果，如图 9.56 所示。

⑬ 按住 Alt 键单击"曲线2"的图层蒙版，可以查看其中的状态，如图 9.57 所示。

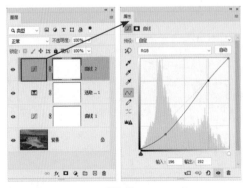

图9.53

图9.56

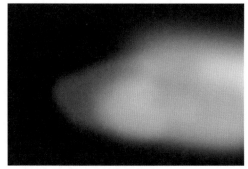

图9.57

通过前面的一系列调整后，观察照片整体，发现还有一些提高对比度的调整空间，下面来对其进行处理。

⑭ 单击创建新的填充或调整图层按钮 ⊘，在弹出的菜单中选择"亮度/对比度"命令，得到图层"亮度/对比度1"，在"属性"面板中设置其参数，如图 9.58 所示，以调整图像的亮度及对比度，得到如图 9.59 所示的最终图像效果。

图9.58

图9.59

9.3　高耸的现代建筑

当我们以仰视角度拍摄高耸的建筑时，可以很好地突出其形式美感，但容易产生的问题就是，天空较亮，而建筑相对较暗，因此无论以哪一个为准进行曝光，都容易导致另外一个产生曝光问题，因此可以以RAW格式拍摄，然后通过后期处理校正此问题。在本例中，由于天空存在较多的云彩，因此光线不是非常强烈，光比不是很大，因此校正起来相对容易一些，下面来讲解其具体操作方法。

① 打开随书所附素材文件"第 9 章 \9.3- 素材 .CR2"，以启动 Camera Raw 软件。

在对照片进行调色处理前，首先来为其指定一个适合当前照片的预设，这可以帮助我们快速对照片进行一定的色彩优化，并且会影响到后面的调整结果。

② 单击编辑栏最上方"配置文件"旁边的浏览配置文件图标 🔳，选择 Camera Matching 列表中的"风景"选项，如图 9.60 所示，以针对风景照片优化其色彩与明暗，如图 9.61 所示。

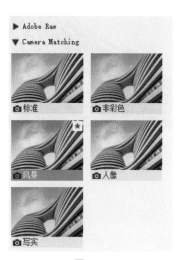

图9.60

图9.61

⑩ 展开"颜色"和"效果"选项卡，分别拖
动各个滑块，如图 9.62 和图 9.63 所示，以
调整照片的色彩，并提高照片的立体感与
细节，如图 9.64 所示。

图9.62　　　　　　图9.63

图9.64

⑭ 展开"亮"选项卡，分别拖动各个滑块，
如图 9.65 所示，以调整照片的曝光与对比，
如图 9.66 所示。

图9.65

图9.66

　　此时，天空部分的色彩已经基本正常，
但建筑的颜色过于偏黄，下面就来校正这个
问题。

⑮ 展开"混色器"选项卡，选择"饱和度"
子选项卡，如图 9.67 所示，在其中降低建
筑颜色的饱和度，如图 9.68 所示。

图9.67

图9.68

06　再切换至"明亮度"子选项卡，调整参数以提高颜色的亮度，如图 9.69 所示，进而修正之前降低饱和度后，导致画面显得灰暗的问题，得到如图 9.70 所示的图像效果。

图9.69

图9.70

在完成了建筑色彩的调整后，我们再来对天空进行渐变式调整，使之变得更为蔚蓝。

07　单击蒙版工具◎，选择"线性渐变"选项，从左上方向右下方的位置拖动，以绘制一个渐变，并在"颜色"面板中设置其参数，如图 9.71 所示，同时适当调整渐变的角度及范围，如图 9.72 所示。

图9.71

图9.72

08　选择其他任意一个工具，即可应用渐变蒙版并隐藏其控件，得到如图 9.73 所示的图像效果。

图9.73

9.4 极尽绚烂的北极光

北极光可以视为一种形态较为鲜明、色彩较为艳丽的雾气，在拍摄时很难精确把握其曝光，因此较为保险的做法就是以略为不足的曝光进行拍摄，然后通过后期处理对其进行美化。具体来说，主要就是对其整体的以及绿色的北极光分别进行曝光及色彩进行适当的润饰。但需要注意的是，由于北极光相对较亮，因此以略为曝光不足的曝光拍摄后，画面其他区域容易显得曝光不足，此时要注意对其进行适当的恢复性处理，如果因此产生了噪点，还要注意进行降噪及适当的锐化处理。

01 打开随书所附的素材文件"第 9 章 \9.4- 素材 .NEF"，以启动 Camera Raw 软件。

02 单击编辑栏最上方"配置文件"旁边的浏览配置文件图标，选择 Camera Matching 列表中的"非彩色"选项，如图 9.74 所示，使画面变得更为柔和，如图 9.75 所示。

图9.74

图9.75

提 示 —————————————

非彩色配置文件比较适用于花朵、树木等自然景物类照片，由于本例照片中的极光是以绿色为主，因此这里使用非彩色预设对其进行校准，使绿色更加自然。

当前照片整体显得较为灰暗，下面将通过"基本"中的参数对整体进行优化处理。

03 单击编辑工具 ≈ ，展开"亮"选项卡，分别调整"曝光""对比度"等参数，如图 9.76 所示，以优化照片的曝光，如图 9.77 所示。

图9.76

图9.77

04　在"颜色"选项卡上方分别调整"色温"
　　与"色调"参数，如图9.78所示，从而改
　　善照片中的色彩，如图9.79所示。

图9.78

图9.79

05　在"效果"选项卡中向右拖动"清晰度"和"去
　　除薄雾"滑块，如图9.80所示，以提高照
　　片中各元素的立体感，如图9.81所示。

图9.80

图9.81

　　我们是要把当前的照片调整为以绿色极光
为主体，而其他区域则调整为以冷调为主的
色彩，下面就来先将以天空为主的区域调整为
冷调。

06　在"颜色分级"选项卡中，选择"高光"
　　子选项，分别拖动"色相"和"饱和度"
　　滑块，如图9.82所示，以改变地面区域的
　　色彩，如图9.83所示。

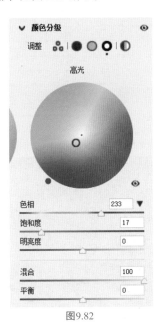

图9.82

图9.83

⑦ 分别选择"混色器"选项卡的"饱和度"和"明亮度"子选项卡，然后分别拖动各个滑块，如图 9.84 和图 9.85 所示，以改善天空的色彩，如图 9.86 所示。

图9.84   图9.85

图9.86

通过前面的处理，照片已经基本调整好了曝光与色彩的雏形，由于天空与地面的色彩差异、曝光差异都比较大，因此下面将在此基础上，分别对天空与地面进行深入的调整。

⑧ 选择"校准"选项卡，并在其中拖动"蓝原色"区域中的滑块，如图 9.87 所示，以改善天空中蓝色区域的色彩，使之稍偏向于蓝色与紫色融合的效果，如图 9.88 所示。

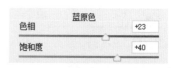

图9.87

图9.88

⑨ 单击蒙版工具 ，选择"线性渐变"选项，按住 Shift 键从下至上方中间处绘制渐变，并在右侧设置其参数，如图 9.89 所示，以优化地面的曝光及色彩等效果，如图 9.90 所示。

图9.89

图9.90

　　至此，照片的润饰处理已经基本完成，对于当前的照片来说，由于是在午夜拍摄的，而且使用了ISO200、30s的曝光参数，因此不可避免会产生噪点，下面就来对照片进行降噪处理。

⑩　将照片的显示比例放大至100%，以观察其局部，在"细节"选项卡中设置"减少杂色"区域中的参数，如图 9.91 所示，从而消减照片中的噪点，如图 9.92 所示。

图9.91

图9.92

⑪　继续在"细节"选项卡中调整"锐化"参数，如图 9.93 所示，以提高照片的细节，如图 9.94 所示。

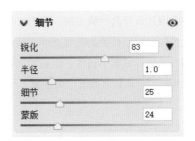

图9.93

图9.94

9.5　冷暖对比色调的日出悬崖

　　日出前后是拍摄风光照片最佳的时机，但在拍摄悬崖时，可能会由于景物之间的相互遮挡，导致画面的曝光不佳，此时可以尝试以不同的曝光多拍摄几张照片，分别以太阳和悬崖作为曝光依据，然后通过后期处理将它们融合在一起，形成完美的效果。

　　在本例中，是采用了三幅照片，分别取其悬崖、云彩及太阳光三部分进行合成。确定了上述思路后，就可以分别对三幅照片进行基本的美化处理，将需要的部分美化到位，然后在Photoshop中进行合成即可。

① 打开随书所附的素材"第 9 章 \9.5- 素材
1.NEF"，以启动 Camera Raw 软件。

提 示

在对照片进行其他调整前，我们先根据照
片的类型选择一个合适的配置文件，从而让后
面的调整工作能够事半功倍。在后面调整另外
两幅照片时，也会对其做类似的设置。

② 单击编辑栏最上方"配置文件"旁边的浏
览配置文件图标 ，选择 Camera Matching
列表中的"展平"选项，如图 9.95 所示，
以针对当前的风景照片进行优化处理，如
图 9.96 所示。

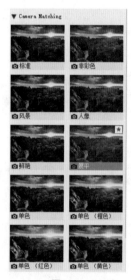

图9.95

图9.96

提 示

在此选择的"展平"配置文件，其作用就
是可以平衡照片中的曝光与色彩，尤其在曝光方
面，高光和暗调会不同程度地向中间调靠拢，从
而显示出更多高光与暗调区域的细节，当然这样
的结果会在一定程度上造成画面偏灰，在后面的
调整中，会针对此问题进行修复。

通过上一步的调整后，画面变得有些偏
灰，除了对比度不足外，画面上还蒙了一层薄雾
似的，下面就通过调整，使画面变得更加通透。

③ 在"效果"选项卡中，向右侧拖动"清晰度"
和"去除薄雾"滑块，如图 9.97 所示，直
至得到满意的效果为止，如图 9.98 所示。

图9.97

图9.98

④ 在"亮"选项卡中，分别调整其中的"对
比度"和"阴影"滑块，如图 9.99 所示，
以继续优化照片的对比度及立体感，如
图 9.100 所示。

图9.99

图9.100

图9.103

提 示

通过上面的调整，太阳光位置会变得更加强烈，没有关系，此处主要是针对悬崖及草地进行调整，后面会对这一问题进行专门的处理。

至此，我们已经基本完成了对悬崖和草地等地面元素的优化处理，下面来对天空进行调整。

⑤ 下面再选择"混色器"选项卡，在其中分别选择"饱和度"和"明亮度"子选项卡，并拖动其中的"黄色"滑块，如图 9.101和图 9.102 所示，从而针对照片中悬崖及草地的颜色，如图 9.103 所示。

⑥ 单击蒙版工具 ，选择"线性渐变"选项，按住 Shift 键从顶部向下方中间处绘制渐变，并分别在右侧的"亮""颜色"和"效果"面板中设置适当的参数，如图 9.104 和图 9.105 所示，以恢复天空的细节，如图 9.106所示。

图9.101　　　　图9.102

图9.104　　　　图9.105

图9.106

通过上面的操作，我们已经基本显示出天空的细节，但太阳区域仍然存在严重的曝光过度问题，因此下面来使用径向渐变蒙版对其进行校正调整。

⑦ 在蒙版界面中，单击创建新蒙版图标➕，在弹出的列表中选择"径向渐变"选项，以太阳中心为准，绘制一个径向渐变，然后修改右侧的参数，如图9.107所示，直至调整好该区域的曝光及色彩，如图9.108所示。

图9.107

图9.108

通过前面的调整，照片已经基本具有较好的曝光效果，但左侧的悬崖则显得有些偏灰，下面解决此问题。

⑧ 在蒙版界面中，单击创建新蒙版图标➕，在弹出的列表中选择"画笔"选项，并在右侧设置的画笔大小等参数，如图9.109所示。

图9.109

⑨ 使用画笔工具 ✎ 在左侧的悬崖上涂抹，将其选中，然后分别在右侧的"亮""颜色""效果""细节"面板中设置适当的参数，如图9.110~图9.112所示，直至得到满意的调整结果，如图9.113所示。

图9.110

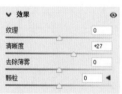

图9.111

图9.112

图9.113

提 示

本例最终是要在Photoshop中将3幅照片合成一起，并进行适当的润饰，因此在Camera Raw中进行调整后，需要将其导出为JPG格式的照片，以便于在Photoshop中继续处理。

⑩ 单击 Camera Raw 软件右上角的"转换并存储图像"按钮，在弹出的对话框中适当设置输出参数，如图 9.114 所示。

图9.114

⑪ 设置完成后，单击"存储"按钮即可在当

前 RAW 照片相同的文件夹下生成一个同名的 JPG 格式照片。

⑫ 打开随书所附的素材文件"第 9 章 \9.5- 素材 2.NEF"。

提 示

通过上面的调整，已经完成了对素材1主体照片进行处理的工作，下面将用类似的方法对另外两个素材照片进行处理，其调整方法与思路与素材1基本相同，故下面仅简述其操作步骤。在本步处理的照片中，是要处理好其天空部分，以用于最终的合成。

⑬ 单击编辑栏最上方"配置文件"旁边的浏览配置文件图标，选择 Camera Matching 列表中的"展平"选项，如图 9.115 所示，以针对当前的风景照片进行优化处理，如图 9.116 所示。

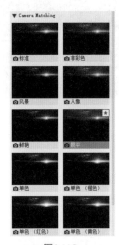

图9.115

图9.116

⑭ 在"效果"选项卡中，向右侧拖动"去除薄雾"滑块，如图 9.117 所示，直至得到如图 9.118 所示的图像效果。

图9.117

图9.118

⑮ 在"亮"选项卡中，调整其中的"曝光"参数，如图 9.119 所示，以改善照片的曝光，如图 9.120 所示。

图9.119

图9.120

下面再利用线性渐变蒙版调整左上方天空的曝光及色彩。

⑯ 单击蒙版工具 ，选择"线性渐变"选项，从照片的左上方向右下方绘制渐变，并分别在"亮""颜色"和"效果"选项卡中设置适当的参数，如图 9.121 和图 9.122 所示，以恢复天空的细节，如图 9.123 所示。

图9.121

图9.122

图9.123

⑰ 调整得到满意的结果后，按照本例第 5 步

的方法，将其导出为 JPG 格式的照片即可。

⑱ 打开随书所附的素材文件"第 9 章 \9.5- 素材 3.NEF"。

下面将按照第6步的方法，再对素材3的照片进行调整，对于此照片，我们是要调整好其中太阳的位置，以用于最终的合成。

⑲ 单击编辑栏最上方"配置文件"旁边的浏览配置文件图标，选择 Camera Matching 列表中的"展平"选项，如图 9.124 所示，以针对当前的风景照片进行优化处理，如图 9.125 所示。

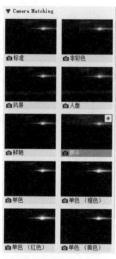

图9.124

图9.125

⑳ 在"亮""颜色"和"效果"选项卡中，调整其中的参数，如图 9.126~ 图 9.128 所

示，以改善照片的曝光，如图 9.129 所示。

图9.126　　　　图9.127

图9.128

图9.129

㉑ 调整得到满意的结果后，按照本例第 10 步的方法，将其导出为 JPG 格式的照片即可。

通过前面的处理，我们已经将三幅要合成在一起的照片处理完毕，下面就通过Photoshop将其合成起来。

㉒ 打开前面处理完素材 1（为便于说明，笔者将其重命名为效果 1.jpg）和处理完成的素材 2（对应的 JPG 文件重命名为效果 2.jpg）后并导出的 JPG 照片，并使用移

动工具 ⊹.将效果 2.jpg 中的照片拖至效果 1.jpg 中，得到"图层 1"。

㉓ 单击添加图层蒙版按钮 ▢ 为"图层 1"添加图层蒙版，设置前景色为黑色，选择画笔工具 ✐.并设置适当的画笔大小及不透明度，在天空以下的图像上涂抹以将其隐藏，如图 9.130 所示。

㉔ 按住 Alt 键单击"图层 1"的图层蒙版，可以查看其中的状态，如图 9.131 所示。

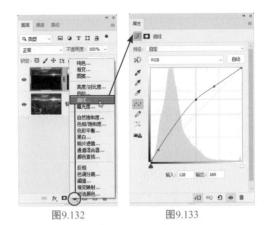

图9.132　　　　　图9.133

图9.130

图9.131

合成后的天空与其下方的照片相比，曝光有些不足，下面就来对其进行调整。

㉕ 单击创建新的填充或调整图层按钮 ◑.，在弹出的菜单中选择"曲线"命令，如图 9.132 所示，得到图层"曲线 1"，按 Ctrl + Alt + G 键创建剪贴蒙版，从而将调整范围限制到下面的图层中，然后在"属性"面板中设置其参数，如图 9.133 所示，以调整图像的颜色及亮度，得到如图 9.134 所示的图像效果。

图9.134

下面将按照类似上一步的方法，再将处理后的素材3照片（笔者将其重命名为效果 3.jpg）合成至最终效果中。

㉖ 使用移动工具 ⊹.将效果 3.jpg 中的照片拖至效果 1.jpg 中，得到"图层 2"，按照上一步的方法，为其添加图层蒙版并隐藏太阳以外的区域，如图 9.135 所示。

㉗ 按住 Alt 键单击"图层 2"的图层蒙版，可以查看其中的状态，如图 9.136 所示。

图9.135

图9.136

至此，照片的合成处理已经基本完成，下面来对天空以下的区域为主进行曝光方面的处理。

28 单击创建新的填充或调整图层按钮 ●，在弹出的菜单中选择"曲线"命令，得到图层"曲线2"，在"属性"面板中设置其参数，如图 9.137 所示，以调整图像的颜色及亮度，如图 9.138 所示。

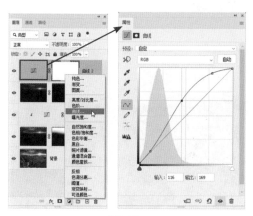

图9.137

图9.138

通过上面的处理，照片的局部以及天空部分都显得曝光过度，下面就来利用图层蒙版对其处理。

29 选择"曲线 2"的图层蒙版，设置前景色为黑色，选择画笔工具 ✔.并设置适当的画笔大小及不透明度，在天空及部分高光图像上涂抹以将其隐藏，如图 9.139 所示。

30 按住 Alt 键单击"曲线 2"的图层蒙版，可以查看其中的状态，如图 9.140 所示。

图9.139

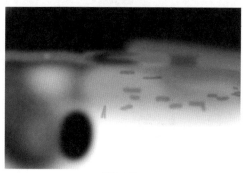

图9.140

至此，照片的效果已经基本调整完成，但太阳处理的色彩不太好，下面手动为其添加一些金黄色的光泽效果。

31 在所有图层上方新建得到"图层 3"，设置前景色的颜色值为 ffe400，然后使用画笔工具 ✔.并设置适当的画笔大小等参数，然后在太阳处进行涂抹，如图 9.141 所示。

图9.141

（32）设置"图层3"的混合模式为"叠加"，不透明度为67%，如图9.142所示，使涂抹的颜色与照片融合在一起，得到如图9.143所示的图像效果。

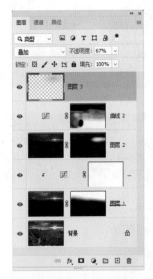

图9.142

图9.143

下面再来稍稍提高一些照片整体的亮度与对比度，使之在曝光和对比方面达到最佳的视觉效果。

（33）单击创建新的填充或调整图层按钮 ◉，在弹出的菜单中选择"亮度/对比度"命令，得到图层"亮度/对比度1"，在"属性"面板中设置其参数，如图9.144所示，以调整图像的亮度及对比度，效果如图9.145所示。

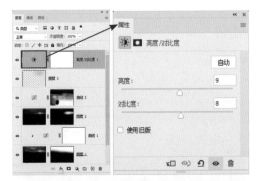

图9.144

图9.145

至此，照片的润饰处理已经全部完成，但部分位还存在一些多余的元素，使画面变得略显混乱，因此下面来将其修除，使照片变得干净、整洁。

（34）在所有图层上方新建得到"图层4"，选择仿制图章工具 ⚲ 并在其工具选项栏上设置适当的参数，如图9.146所示。

图9.146

㉟ 使用仿制图章工具 ，按住 Alt 键在要修除的元素旁边单击以定义源图像，然后在需要修除的元素上涂抹，直至将其修除，得到如图 9.147 所示的图像效果。

图9.147

㊱ 按住 Alt 键单击"图层 4"的眼睛图标可单独显示该图层中的图像，最终的图层面板如图 9.148 所示。

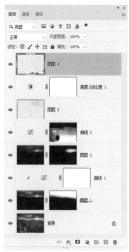

图9.148

9.6　无惧光板天，一键将平淡天空替换成为彩霞天

本案例利用Photoshop的"天空替换"功能，快速把照片中平淡、发白的天空替换成各类蓝天或彩霞天空，使平淡无奇的照片变得绚丽多彩。下面讲解详细操作步骤。

① 在 Photoshop 中打开素材文件夹中的"第 9 章 \9.6- 素材 .jpg"，如图 9.149 所示。

图9.149

② 执行"编辑"—"天空替换"命令，进入到对话框中，首先需去内置素材中选择一张天空，由于素材照片是夕阳时分拍摄的，所以此处不应该选择蓝天素材，而应该选择一张火烧云的天空，让画面显得更加好看一些，此处选择的是"盛景"文件夹下的第 4 张天空素材，初步合成的效果如图 9.150 所示。

图9.150

提 示 ━━━━━━━━━

在选择天空素材时，需要注意两个要点，第一个要点就是时间点需要匹配上，如果照片是上午或者中午拍摄的，应该匹配蓝天白云的天空素材，如果是早上或者傍晚拍摄照片，那么就应该选择火烧云的天空素材。第二个要点就是天空素材的角度要与源照片匹配上，如果源照片的画面是接近于平视的角度，那天空素材就要选择接近于源照片透视关系的天空素材，不要选择一张类似仰拍角度的天空素材，这样融合的画面会显得非常假。

03 选择好天空素材后，接下来需要调整一些参数。第一个控制参数是"移动边缘"，如果需要把天空素材向上或者向下改变它的融合边界，就可以通过此参数来控制，此处将"移动边缘"的数值设置为 -50，如图 9.151 所示，得到如图 9.152 所示的自然融合效果。

图9.151

图9.152

04 接下来调整"渐隐边缘"参数，当天空素材跟下面的源素材照片融合时，融合的范围就是通过"渐隐边缘"来控制的。实际

上是把天空素材的下边缘做了一定的渐隐，从而显示出源素材照片的天空，两张图像融合后就不显得生硬。此处将"渐隐边缘"的数值设置为 100，如图 9.153 所示，得到如图 9.154 所示的自然融合效果。

图9.153

图9.154

05 接下来调整天空的"亮度"和"色温"数值。"亮度"数值要根据当前场景的曝光度来进行调整，如果素材照片整体较亮，为了让天空更好地和素材照片融合，那么曝光是必须一致的。"色温"的调整原则也一样，如果源素材照片，它的色温是偏冷的，则可以把天空的色温降低一点，反之则增加色温。在本案中，素材照片是在黄金时刻所拍摄的，所以天空的素材的颜色不妨让其更加饱和一些，然后色温更高一些，让画面显得更加温暖，参数设置如图 9.155 所示，调整后的效果如图 9.156 所示。

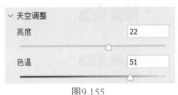

图9.155

图9.156

⑥ 调整"缩放"参数可以改变整个天空素材的大小，当天空素材过大或者过小时调整"缩放"数值，从而使天空素材可用。此处，将缩放数值设为 129，得到如图 9.157 所示的效果。

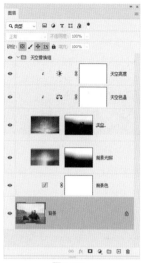

图9.159

图9.157

⑦ 接下来适合对前景进行调整，设置"光照模式""光照调整"和"颜色调整"选项如图 9.158 所示，然后在"输出"选项中选择"新图层"，点击"确定"选项，输出并退出天空替换对话框，此时 Photoshop 中的图层面板如图 9.159 所示，最终图像效果如图 9.160 所示。

图9.160

9.7 增强风光画面中人与景的大小对比效果

风光照片中常用人物、汽车、船等元素，利用这些元素的小，来衬托风光场景的宏伟与宽广气势，本案例就是通过将照片中的人物缩小，来让画面中的风景更显宽广。下面讲解详细的操作步骤。

① 在 Photoshop 中打开素材文件夹"第9章\9.7-素材 .jpg"，如图 9.161 所示。

图9.158

图9.161

02 首先需要将人物抠选出来，在素材照片中，
人物与环境的色彩和对比都区别比较大，
可以使用"对象选择"工具 ▣ 来抠选人物，
使用此工具对人物画一个框，将自动识别
出人物的边缘建立选区，然后使用套索工
具 ρ，按住 Shift 键的同时使用该工具将
脚及衣袖等没有被选择的部分，全部框起
来，按住 Alt 键，将手臂与身体中间的环
境从选区减去，得到如图 9.162 所示的人
物选区。

图9.162

03 执行"图层"—"新建"—"通过拷贝的
图层"，或者按 Ctrl+J 快捷键复制图层，
将人物复制到新层图上，得到图层 1，点
击鼠标右键选择"转换为智能对象"选项，
然后按 Ctrl 键单击图层 1 的缩略图，把人
物的选区重新出来，执行"选择"—"修
改"—"扩展"命令，把人物选区扩展一
下，在弹出的对话框中设置参数如图 9.163
所示，得到把人物框起来，而且带进来一
点背景的选区，如图 9.164 所示。

图9.163　　　　　　　　图9.164

04 保持选区的选择状态，把背景图层拖至新
建图层图标 ▣ 处得到背景拷贝图层，然后
把图层 1 隐藏，在选中背景拷贝图层的状
态下，执行"编辑"—"填充"命令，在
弹出的对话框中设置参数如图 9.165 所示，
点击确定选项，得到如图 9.166 所示的填
充效果。

图9.165

图9.166

05 显示并选择图层 1 图层，在工具栏中勾选
变换控件，拖动边框的对角点缩小，如图
9.167 所示，然后取消选择框，将人物放置
到合适的位置。

图9.167

06 接下来对背景拷贝图层的执行自动识别后的区域进行修复处理。放大观察该区域，发现哪里有明显色差或错位的地方，使用修补工具 ■.将要修改的区域圈选中，然后拖动旁边进行识别填充，如图 9.168 所示。

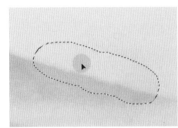

图9.168

07 还有一些地方存在山脉的线条断掉的情况，点击新建图层图标 ■ 新建图层 2，再按住 Alt 键，在旁边单击一下吸取颜色，设置合适的流量及图层不透明度，在线条断掉的地方单击一下，营造出线条渐隐的效果，仔细观察并修改存在这些情况的区域，最终得到如图 9.169 所示的修复效果，此时整体的最终图像效果如图 9.170 所示，图层面板如图 9.171 所示。

图9.169

图9.170

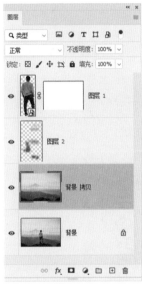

图9.171

9.8 用简单方法大幅度增强丘陵的光影感觉

本案例讲解为丘陵草原的照片塑造光影效果的技法。在原片中，丘陵草原的光影效果略显平淡，先利用曲线把照片的下半部分做压暗处理，再用钢笔工具简单描出凸起的丘陵的形状。下面讲解详细的操作步骤。

01 在 Photoshop 中打开素材文件夹中的"第 9 章 \9.8- 素材 1.jpg"，如图 9.172 所示。

图9.172

02 首先对素材照片的下半部分做压暗处理。单击创建新的填充或调整图层按钮 ⊙，在弹出的菜单中选择"曲线"命令，得到"曲线 1"图层，调整"曲线 1"图层的参数如图 9.173 所示，得到如图 9.174 所示的效果。

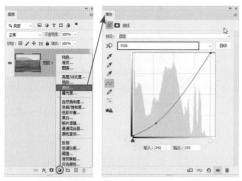

图9.173

图9.174

03 使用魔棒工具，在工具栏中设置容差值为20，对天空点击一下建立如图 9.175 所示的选区，然后设置前景色为黑色，在选择曲线 1 图层蒙版的状态下，按 Alt+Delete 键将选区填充为黑色，使曲线 1 只作用于

丘陵部分。

图9.175

04 素材照片中的天空平淡无奇，需要替换天空部分，将素材文件夹"第 9 章 \9.8- 素材 2.jpg"拖入画面中，并调整大小及位置使云彩覆盖天空部分，然后点击添加矢量蒙版按钮 ▣ 为素材 2 图层添加图层蒙版，设置前景色为黑色，切换选择曲线 1 图层，执行"选择"—"载入选区"命令，激活选区，回到选择素材 2 图层，按Alt+Delete 键将选区填充为黑色，得到如图 9.176 所示的效果。

图9.176

05 替换后的天空与地面色差比较大，接下来要调整天空的色彩与地面融合。单击创建新的填充或调整图层按钮 ⊙，在弹出的菜单中选择"色阶"命令，得到"色阶 1"图层，调整"色阶 1"图层的参数如图 9.177 所示，按住 Alt 键在色阶 1 与素材 2 两个图层中间单击，使色阶 1 只应用到素材 2 图层，得到如图 9.178 所示的效果。

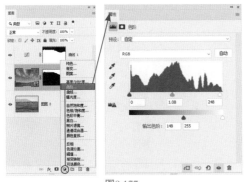

图9.177

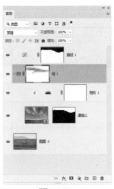

图9.180

图9.178

07 接下来为丘陵营造光影。选择钢笔工具，简单描出来一个小的凸起的丘陵形状，如图 9.181 所示。此时在路径的面板中就存在了一条工作路径，双击一下将其保存为路径 1。然后按住 Ctrl 键单击一下路径 1 的小图标，将路径转化为选区。

图9.181

06 将色阶 1 与素材 2 两个图层选中，按 Ctrl+G 快捷键建立组 1，设置图层混合模式为"穿透"，然后点击添加矢量蒙版按钮 ■ 为组 1 添加图层蒙版，设置前景色为黑色，选择画笔工具，在其工具栏中设置合适的流量，对丘陵与天空接壤的区域进行涂抹，直至得到如图 9.179 所示的效果，此时的图层面板如图 9.180 所示。

08 将路径转化为选区后，点击新建图层图标 ■ 得到图层 1，将图层混合模式设置为"柔光"模式，然后选择画笔工具，设置前景色为白色，点击鼠标右键设置画笔参数如图 9.182 所示，沿着选区边缘涂抹，如图 9.183 所示。

图9.179

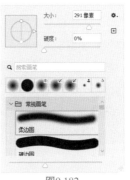

图9.182

177

图9.183

09 取消选择后，丘陵凸起的受光面马上就出来了。重复第 3~4 操作步骤，把需要增强光影的小丘陵全部都勾勒一遍，得到如图 9.184 所示的效果。

图9.184

10 此时画面的整体还偏暗，点击新建图层图标⊞得到图层 8，将图层混合模式设置为"柔光"模式，设置前景色色值为 c9caca，按 Ctrl+Delete 快捷键将图层 8 填充为灰色，然后选择画笔工具，设置前景色为白色、画笔大小为 800 像素、流量为 40%，将前景处第二个偏暗的丘陵进行涂抹，然后将图层 1~8 选中，按 Ctrl+G 快捷键编组，设置图层混合模式为"穿透"模式，得到如图 9.185 所示的最终图像效果，最终的图层面板如图 9.186 所示。

图9.185

图9.186

9.9　让古建一角具有月满西楼的意境

本案例是将一张古建筑屋檐特写照片，通过曲线调色处理将其色调变为夜景环境下的剪影效果，然后通过椭圆选框工具配合颜色填充及图层样式，绘制出满月，使画面呈现出一种月满西楼的意境效果。下面讲解详细的操作步骤。

01 在 Photoshop 中打开素材文件夹中的"第 9 章 \9.9- 素材 .jpg"，如图 9.187 所示。

图9.187

02 首先调整画面色彩和亮度，既然要模拟月亮下的夜景效果，那天空必然是比较暗的。单击创建新的填充或调整图层按钮 ⚫.，在弹出的菜单中选择"曲线"命令，得到"曲线 1"图层，在弹出的对话框中分别调整 RGB 和蓝色曲线如图 9.188、图 9.189 所示，得到如图 9.190 所示的效果。

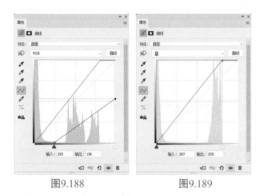

图9.188　　　　　　　图9.189

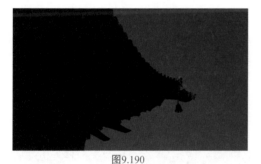

图9.190

经过上一步的曲线调整后，画面的色调基本上达到理想效果，接下来需要绘制出像鸡蛋黄一样的月亮。

03　单击创建新的填充或调整图层按钮 ⚫.，在弹出的菜单中选择"纯色"命令，在弹出的拾色器对话框中设置色值为 ffba00，如图 9.191 所示，单击"确定"选项，得到"颜色填充 1"图层。

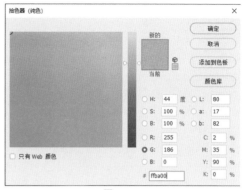

图9.191

04　隐藏"颜色填充 1"图层，然后选择椭圆选框工具，按住 Shift 键在屋檐角区域绘制一个正圆选区，适合调整选区的位置，显示"颜色填充 1"图层，选择该图层的蒙版，设置前景色为黑色，按 Alt+Delete 快捷键填充黑色，按 Ctrl+D 快捷键取消选择，在属性面板中，选择"反相"选项，得到如图 9.192 所示的图像效果。

图9.192

05　接下来，需要让这个圆有一些立体感。在选择"颜色填充 1"图层的状态下，单击图层面板下方的添加图层样式按钮，在弹出的菜单中选择"内发光"命令，在弹出的对话框中设置参数如图 9.193 所示，让圆有月亮的光晕效果，如图 9.194 所示。

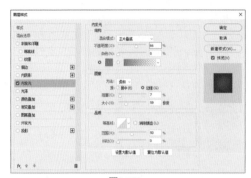

图9.193

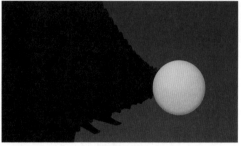

图9.196

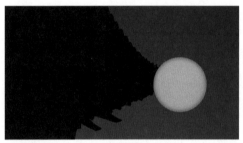

图9.194

在"渐变叠加"图层样式中，创建颜色色
值为ffe826的亮黄色到透明的渐变。

07 接下来需要把绘制出来月亮放在屋檐后
方去。先隐藏"颜色填充 1"和"颜色填
充 1 拷贝"图层，然后选择背景图层，
使用魔棒工具 🖊 选中天空区域，如图
9.197 所示。

在"内发光"图层样式中，颜色色值为
ff7800。

06 将"颜色填充 1"图层拖至新建图层按钮
⊞ 上，得到"颜色填充 1 拷贝"图层，双
击内发光图层样式，在弹出的对话框中取
消勾选内发光，转成勾选"渐变叠加"，
在渐变叠加面板中设置参数，如图 9.195
所示，得到如图 9.196 所示的效果。

图9.197

08 保持选区状态，显示"颜色填充 1"和"颜
色填充 1 拷贝"图层，将这两个图层选中
然后单击鼠标右键，选择"从图层建立组"
选项，得到组 1，单击添加矢量蒙版按钮
🔲，为选区创建蒙版，设置图层混合模式
为"穿透"，得到如图 9.198 所示的效果，
此时的图层面板如图 9.199 所示。

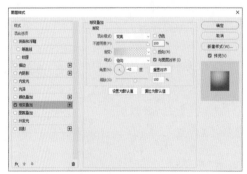

图9.195

图9.198

图9.200

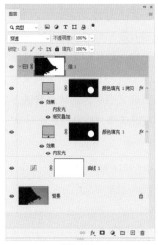

图9.199

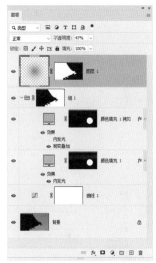

图9.201

⑨　接下来对细节做一个调整。单击新建图层
按钮 ⊞ 创建得到图层 1，然后设置前景色
为黑色，选择画笔工具并设置合适的大小
及流量，对屋脊翘角上兽雕的高光区域点
击一下，适当降低一下图层不透明度，再
单击添加矢量蒙版按钮 ▣，选择组 1 的图
层蒙版，按住 Alt 键将组 1 的图层蒙版拖
至图层 1 的蒙版处，在弹出的对话框中点
击确定，成功复制蒙版，在属性面板中点
击"反相"选项，得到兽雕的高光减暗的
效果，至此，本案例的调修全部完成，最
终的图像效果如图 9.200 所示，最终的图
层面板如图 9.201 所示。

9.10　为平淡的故宫添加云彩，并处理成黑白流云效果

　　本案例是将一张普通故宫的照片修饰成有
强烈对比的黑白效果。处理后的画面重点凸显
了屋檐下非常漂亮的图案，然后宫墙部分做减
暗处理，使它们呈现出反差对比。另外，还替
换掉了原片中平淡的天空，增加了流动的云彩
效果，让画面变得富有动感。

①　在 Photoshop 中打开素材文件夹中的"第 9
章 \9.10- 素材 1.jpg"，如图 9.202 所示。

图9.202

图9.205

02 首先是将画面去掉色彩转为黑白效果。单击创建新的填充或调整图层按钮 ●，在弹出的菜单中选择"黑白"命令，得到"黑白 1"图层，在弹出的对话框中参数如图9.203 所示，得到蓝天变白，而屋檐下的图案亮起来的效果，如图 9.204 所示。

提 示

直接将云彩素材文件拖入Photoshop中打开的目标文档中，默认即为智能对象图层，如果是先在Photoshop中打开云彩素材文件，然后再将其拖入目标文档中，创建是普通图层，需要点击鼠标右键选择"转换为智能对象"。

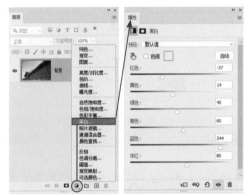

图9.203

04 执行"滤镜"—"模糊"—"径向模糊"命令，在弹出的对话框中设置参数如图 9.206 所示，模拟出长时间曝光的拍摄效果，如图9.207 所示。

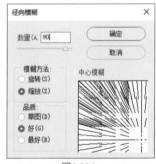

图9.206

图9.204

03 接下来替换天空部分。拖入素材文件夹"第9 章 \9.10- 素材 2.jpg"，如图9.205 所示。

图9.207

05　接下来创建天空的选区。隐藏其他两个图层，选择背景图层，进入通道面板，选择一个对比较强的通道，在这张照片中，蓝色通道的对比不错，将蓝色通道拖至下方的创建新通道按钮 🔳，得到"蓝色通道 拷贝"，然后执行"图像"—"调整"—"反相"命令，得到如图 9.208 所示的效果。

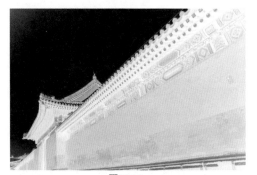

图9.208

将"蓝色通道 拷贝"执行"反相"操作后，天空大部分是黑色的，建筑大部分是白色的，现在需要将天空填充成纯黑、建筑部分全部填充成纯白，就能获得对比鲜明的画面。

06　观察上一步的图像效果可以看到，天空左上角及左下角有一部分是偏灰的，需要先对这两处进行填充黑色处理。使用套索工具将左上角偏灰的天空区域选中，设置前景色为黑色，然后按 Alt+Delete 快捷键填充黑色。接着选中左下角偏灰的区域，执行"图像"—"调整"—"色阶"命令，在弹出的对话框中使用黑色滴管工具对选区中偏灰的地方吸取一下，将其变为黑色，得到如图 9.209 所示的效果。

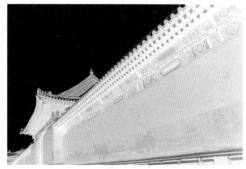

图9.209

07　在上一步的基础上，执行"图像"—"调整"—"色阶"命令，在弹出的对话框中调整数值，使建筑区域变为纯白，然后天空有些区域还有灰色，可以选中将其填充为黑色，或者在色阶中使用黑色滴管工具将其变为黑色，调整后得到如图 9.210 所示的效果。

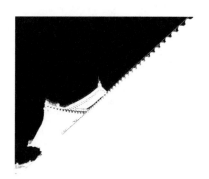

图9.210

08　按住 Ctrl 键单击"蓝色通道 拷贝"通道以载入选区，然后回到图层面板，选择云彩图层，按住 Alt 键点击添加图层蒙版按钮创建蒙版，得到如图 9.211 所示的效果，此时的图层面板如图 9.212 所示。

图9.211

图9.213

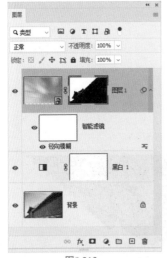

图9.212

图9.214

⑨ 单击创建新的填充或调整图层按钮 ●，在弹出的菜单中选择"黑白"命令，得到"黑白2"图层，在弹出的对话框中设置参数如图 9.213 所示，设置参数后点击对话框下方的剪贴蒙版按钮 ⬚，得到如图 9.214 所示的效果，此时的图层面板如图 9.215 所示。

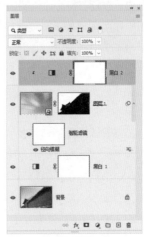

图9.215

⑩ 观察画面发现，天空的云彩过密了，单击创建新的填充或调整图层按钮 ●，在弹出的菜单中选择"曲线"命令，得到"曲线1"图层，点击对话框下方的剪贴蒙版按钮 ⬚

使曲线只作用于天空，在对话框中调整曲线如图 9.216 所示，得到如图 9.217 所示的效果。

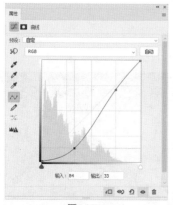

图9.216

图9.217

⑪ 接下来抹除掉画面下面的长椅。单击新建图层按钮▣，然后执行"图像"|"应用图像"命令，得到图层 2，使用多边形套索工具❤.选择画面左下方大门那的墙体，按 Ctrl+J 快捷键拷贝此选区，得到图层 3，然后使用移动工具❖.将图层 3 下移覆盖下方的砖头，修复前后的对比效果如图 9.218 所示。

图9.218

⑫ 切换选择图层 2，接着使用多边形套索工具❤.选择画面其他墙体，按 Ctrl+J 快捷键拷贝此选区，得到图层 4，然后使用移动工具❖.将图层 4 下移覆盖下方的砖头，下移后发现还有一部分砖头不能覆盖，按 Ctrl+J 快捷键复制图层 4 得到图层 4 拷贝图层，继续将图层 4 拷贝图层下移直至将砖头全部覆盖，得到如图 9.219 所示的效果。

图9.219

⑬ 观察画面可以看出，图层 4 拷贝图层覆盖的区域，墙体的透视对不上，需要调整角度，按 Ctrl+T 快捷键调出控制句柄，将鼠标放在对角的句柄处使指针变成↰图标，然后顺时针调整角度使透视变得自然，如图 9.220 所示，效果满意后敲击键盘上的 Enter 键确定。

图9.220

⑭ 接下来处理拼接问题。单击添加矢量蒙版按钮▢为图层 3 添加蒙版，设置前景色为黑色，使用画笔工具✐并设置合适的大小及流量，对拼接处进行涂抹，直至得到自然的效果。按照相同的操作方法，修复图

层 4 和图层 4 拷贝图层的拼接问题，整体修复后的效果如图 9.221 所示。

图9.221

⑮ 放大画面观察发现大门处还有一小部分缺陷没修复好，使用仿制图章工具并调整合适的大小，按 Alt 键对周边进行取样，然后涂抹要修复的区域直至得到满意的效果。处理前后的对比效果如图 9.222 所示。

图9.222

⑯ 接下来对屋檐下面的精美绘画做提亮操作。单击新建图层按钮，然后执行"图像"—"应用图像"命令，得到图层 5，点击鼠标右键选择"转换为智能对象"，执行"图像"—"调整"—"阴影 / 高光"命令，在弹出的对话框中设置参数如图 9.223 所示，得到如图 9.224 所示的效果。

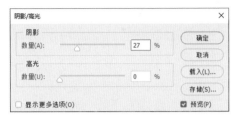

图9.223

图9.224

⑰ 按住 Alt 键单击添加矢量蒙版按钮为图层 5 添加黑色蒙版，选择渐变工具，设置前景色为白色，在工具选项栏中选择白色到透明渐变和选择径向渐变选项，在屋檐下方的绘画区域依次拖出几个渐变，得到如图 9.225 所示的效果，此时图层蒙版中的状态如图 9.226 所示。

图9.225

图9.226

⑱ 接着单击创建新的填充或调整图层按钮
　●,，在弹出的菜单中选择"曲线"命令，
　得到"曲线 2"图层，单击对话框下方的
　剪贴蒙版按钮 ⬚ 使曲线只作用于下方图
　层，在对话框中调整曲线如图 9.227 所示，
　得到如图 9.228 所示的效果。

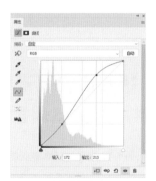

图9.227

图9.228

⑲ 接着回到图层 5 的蒙版修饰细节，使用画
　笔工具 ✐ 设置白色，对一些偏暗绘画区域
　涂抹以提亮，使用画笔工具 ✐ 设置黑色，
　对屋顶及墙体区域涂抹以减暗。按住 Alt

键单击新建图层按钮 ⊡，在弹出的对话框
中设置参数，如图 9.229 所示，创建得到
图层 6，然后使用画笔工具 ✐ 设置黑色、
流量为 54%，对左方的屋顶进行涂抹，
使其变暗，涂抹后降低图层不透明度为
55%，让画面更自然。整体涂抹完成后的
效果如图 9.230 所示。

图9.229

图9.230

⑳ 接着压暗墙体部分，使画面的明暗对比效
　果更好。选择多边形套索工具 ✒ 将墙体部
　分全部选中，如图 9.231 所示，然后单击
　创建新的填充或调整图层按钮 ●,，在弹出
　的菜单中选择"曲线"命令，得到"曲线
　3"图层，在弹出的对话框中调整曲线如图
　9.232 所示，得到如图 9.233 所示的效果。

图9.231

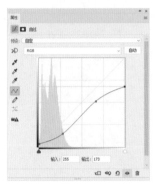

图9.232

图9.233

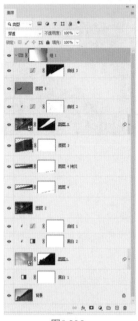

图9.235

㉑ 在此希望靠近画面右边的墙体区域不要这
么黑。在选择曲线 3 图层的状态下，单击
鼠标右键选择"从图层创建组"选项得到
组 1。然后单击创建矢量蒙版按钮▣添加
蒙版，选择渐变工具▣，设置前景色为黑
色，在选项工具栏中选择黑色到透明渐变、
线性渐变、不透明度为 37%，从右到左在
墙体区域拖一条斜线，得到最终的图像效
果，如图 9.234 所示，最终的图层面板如
图 9.235 所示。

图9.234

9.11 将暗淡的夜景城市车轨照片调出蓝调氛围

本案例的处理思路先是提亮天空部分，为
天空重新着色，然后为地面的车流灯轨部分增
亮叠加和锐化，通过照片滤镜功能，让车流灯
轨泛出一点点冷调，营造出冷暖对比的效果。
最后是去除杂物，修除人行道的黄色及不能提
供美感的月亮。通过处理以后的照片跟原片发
生了翻天覆地般的变化。实际上我们所看到的
绝大多数车流灯轨的照片，都不可能是一次拍
摄完成的，一定要通过后期来进行分区处理。
所以本案例对于希望拍夜景、拍车流灯轨的摄
影爱好者来说，是比较实用的。下面讲解详细
操作步骤。

㉑ 在 Photoshop 中打开素材文件夹中的"第 9
章 \9.11- 素材 1.jpg"，如图 9.236 所示。

图9.236

图9.238

图9.239

② 接着加入其他素材，执行"文件"—"置入嵌入对象"命令，依次置入"第9章\9.11-素材 5~ 素材 2.jpg"，置入全部素材照片后的图层面板如图 9.237 所示。

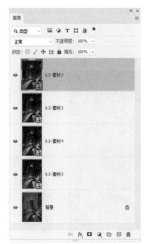

图9.237

④ 由于应用"阴影 / 高光"后，天空也提亮了，需要对天空进行恢复，选择图层 0 的智能滤镜蒙版，使用画笔工具设置黑色、合适的画笔大小，对天空区域进行涂抹，得到如图 9.240 所示的效果，此时的图层面板如图 9.241 所示。

③ 隐藏其他图层，选择背景图层单击鼠标右键选择"转换为智能对象"选项，得到图层 0。执行"图像"—"调整"—"阴影 /高光"命令，在弹出的对话框中调整参数如图 9.238 所示，提亮画面的阴影区域，如图 9.239 所示。

图9.240　　　　　图9.241

⑤ 现在显示"9.3-素材 5"图层，这张照片是用 30 秒拍摄的车流灯轨，只需要下面的车轨部分。单击添加图层蒙版按钮 创建蒙版，选择渐变工具 ■.，在上面的工具选

项栏中选择黑色到透明的渐变类型，然后
在建筑与车轨交接处由上到下拖一条线，
以隐藏上面的建筑及天空，得到如图 9.242
所示的效果。

图9.242

⑥ 接着按住 Ctrl 键依次选中 "9.11- 素材
4"～"9.3- 素材 2" 图层，统一设置混合
模式为 "浅色"，得到车轨又细又密的效果，
如图 9.243 所示。

图9.243

⑦ 经过上一步的操作后，发现天空不理想，
在选中 "9.11- 素材 4"～"9.11- 素材 2"
图层的状态下，按 Ctrl+G 快捷键进行编组，
得到组 1。选择渐变工具 ▦ ，在工具选项
栏中选择黑色到透明的渐变类型，然后在
建筑与车轨交接处由上到下拖一条线，以
隐藏上面的建筑及天空，得到如图 9.244
所示的效果。

图9.244

⑧ 观察画面可以看到在右边的车轨显得比较
乱，接下来一一进行处理。分别为组 1 中
三个图层，单击添加图层蒙版按钮 ▣ 创建
蒙版，设置前景色为黑色，选择画笔工具
✐ 并设置合适的大小，对需要隐藏的区域
进行涂抹，得到如图 9.245 所示的效果，
此时的图层面板如图 9.246 所示。

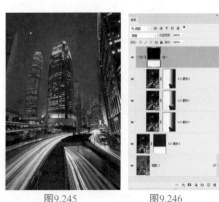

图9.245　　　　图9.246

接下来对天空部分进行处理。天空部分
的处理包括两部分，第一部分是希望大楼上的
灯光再亮一点，第二部分是希望天空再好看一
些，因为现在天空显得比较污，不透亮。

⑨ 进入通道面板，按住 Ctrl 键单击 RGB 通道，
调出当前图像的亮调区域，然后回到图层
面板，单击创建新的填充或调整图层按钮
◑.，在弹出的菜单中选择 "曲线" 命令得
到 "曲线 1" 图层，在弹出的对话框中调

整曲线,如图 9.247 所示,得到如图 9.248 所示的效果。

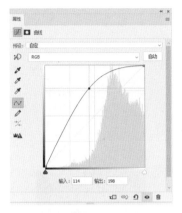

图9.247

图9.248

⑩ 应用曲线后,车轨及部分灯光偏亮了,需要进行处理。在选中"曲线 1"图层状态下,按 Ctrl+G 快捷键进行编组,得到组 2。单击添加图层蒙版按钮 ▣ 创建蒙版,选择渐变工具 ■.,在工具选项栏中选择黑色到透明的渐变类型,然后在建筑与车轨交接处由下到上拖一条线,以隐藏车轨部分,接着设置前景色为黑色,选择画笔工具 ✓ 并设置合适的大小和流量,对建筑上方偏亮的灯光区域进行涂抹,得到如图 9.249 所示的效果,此时图层蒙版中的状态如图 9.250 所示。

图9.249　　　　　图9.250

⑪ 接下来对天空部分做通透化处理,让它显得更通透。单击创建新组按钮 ▣ 创建组 3,然后单击添加图层蒙版按钮 ▣ 创建蒙版,接着选择快速选择工具 ☑.,将天空区域选中,执行"选择"—"反选"命令,设置前景色为黑色,按住 Alt+Delete 键填充黑色,此时图层蒙版中的状态如图 9.251 所示。

图9.251

使用快速选择工具选择天空时,建筑与天空交接处可能选择不理想,需要反复添加或减少选区操作,个别区域还需换成多边形套索工具或其他工具创建更精确的选区。总之,这一步操作需要有耐心。

⑫ 接着使用曲线命令来提亮天空的上半部分。单击创建新的填充或调整图层按钮 ●.,在

弹出的菜单中选择"曲线"命令得到"曲线 2"图层，在弹出的对话框中分别调整 RGB 和蓝色曲线如图 9.252、图 9.253 所示。接着使用渐变工具 ■，在工具选项栏中选择黑色到透明的渐变类型，然后在地面区域由下到上拖一条线，得到如图 9.254 所示的效果。

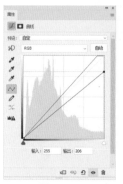

图9.255　　　　　　　图9.256

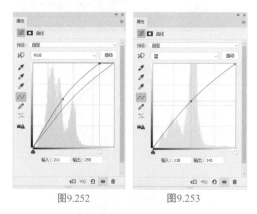

图9.252　　　　　　　图9.253

图9.257

图9.254

⑭ 接着给天空增强自然饱和度。单击创建新的填充或调整图层按钮 ●，在弹出的菜单中选择"自然饱和度"命令得到"自然饱和度 1"图层，在弹出的对话框中设置参数，如图 9.258 所示，得到如图 9.259 所示的效果。

⑬ 接着使用曲线命令来提亮天空的下半部分。单击创建新的填充或调整图层按钮 ●，在弹出的菜单中选择"曲线"命令得到"曲线 3"图层，在弹出的对话框中分别调整 RGB 和蓝色曲线如图 9.255、图 9.256 所示。接着使用渐变工具 ■，在工具选项栏中选择黑色到透明的渐变类型，然后在天空区域由上到下拖一条线，得到如图 9.257 所示的效果。

图9.258　　　　　　　图9.259

观察画面可以看出，地面部分除了车轨外其他地方有点偏黑，接下来需要对这一部分进行处理。

⑮ 单击创建新图层按钮 ⊞ 得到图层 1，同时按住 Shift+Ctrl+Alt+E 快捷键盖印图层，然后单击鼠标右键选择"转换为智能对象"选项，执行"滤镜"—"模糊"—"高斯模糊"命令，在弹出的对话框中设置参数如图 9.260 所示，设置图层混合模式为"滤色"，并适当降低图层不透明度。

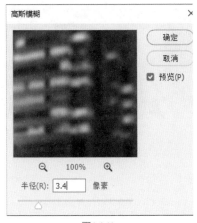

图9.260

⑯ 因为"高斯模糊"命令只需作用于画面下半部分，所以还需要一个图层蒙版把上半部分遮盖住。单击添加图层蒙版按钮 ▢ 创建蒙版，接着使用渐变工具 ▣，在工具选项栏中选择黑色到透明的渐变类型，然后在建筑和车轨交接处由上到下拖一条线，得到好像车轨发出了一层光，然后反射到镜头里形成了一种朦胧效果，如图 9.261 所示。

图9.261

接下来需要将建筑的结构和细节感表现出来，必须给画面做锐化处理。

⑰ 单击创建新图层按钮 ⊞ 得到图层 2，同时按住 Shift+Ctrl+Alt+E 快捷键盖印图层，然后单击鼠标右键选择"转换为智能对象"选项，执行"滤镜"—"其他"—"高反差保留"命令，在弹出的对话框中设置参数如图 9.262 所示，设置图层混合模式为"强光"，并适当降低图层不透明度，锐化前后的对比效果如图 9.263 所示。

图9.262

图9.263

图9.266

⑱ 接下来统一画面的整体色调，单击创建新的填充或调整图层按钮 ◑.，在弹出的菜单中选择"照片滤镜"命令得到"照片滤镜 1"图层，在弹出的对话框中设置参数如图 9.264 所示，得到如图 9.265 所示的效果。

图9.267

图9.264　　　　　　图9.265

⑲ 接下来处理画面中间桥面偏黄的问题，单击创建新的填充或调整图层按钮 ◑.，在弹出的菜单中选择"黑白"命令得到"黑白 1"图层，在弹出的对话框中设置参数如图 9.266 所示，设置图层不透明度为 15%，然后在蒙版属性对话框中单击"反相"选项，得到黑色蒙版，设置前景色为白色，选择画笔工具 ✔ 并设置合适的大小，对桥面区域进行涂抹，得到如图 9.267 所示的效果。

⑳ 单击创建新图层按钮 ◻ 得到图层到，同时按住 Shift+Ctrl+Alt+E 快捷键盖印图层，然后选择修补工具 ◑.，圈选住月亮，将其修除，得到如图 9.268 所示的最终图像效果，最终的图层面板如图 9.269 所示。

图9.268

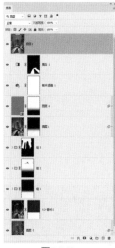

图9.269

9.12　合成多张照片获得全景照片

在拍摄照片时，为了突出景物的全貌，常常会超宽画幅进行表现。对于高质量、高像素的全景图来说，较常见的方法是通过在水平方向上连续拍摄多张照片，然后将其拼合在一起的方式实现的。在本例中，是在水平和垂直方向上共拍摄了16张RAW格式照片并进行处理和拼合。在处理过程中，摄影师只需要进行简单的参数设置，即可合成得到宽幅全景图效果。本例的特别之处在于，所有的照片都是以RAW格式拍摄的，而且原始照片存在较大的曝光和色彩的调整空间，因此本例需要先在Camera Raw中进行初步处理，然后转换为JPG格式，再转至Photoshop中进行拼合及最终的润饰处理。

①　打开素材文件夹"第 9 章 \9.12- 素材"文件夹中所有的 RAW 格式照片，以启动 Camera Raw 软件。

本例的照片在拍摄时是以汽车的高光为

主进行曝光的，因此画面其他区域存在较严重的曝光不足问题，导致银河没有很好地展现出来，因此下面将借助RAW格式照片的宽容度，初步对照片进行处理。

②　在下方列表中单击一下，按 Ctrl+A 键选中所有的照片，再统一处理，如图 9.270 所示。

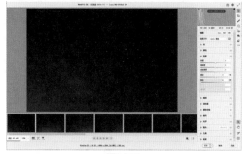

图9.270

这里是以调整天空中的星星为主进行处理，因此我们可以选择一张具有代表性的照片，例如这里选择的是BR4A0715.CR2，单击此照片后，需要再次按Ctrl+A键以选中所有的照片。

③　首先，在"亮"面板中调整"阴影""白色"及"黑色"参数，如图 9.271 所示，以初步调整照片的曝光，显示出更多的星星，如图 9.272 所示。

图9.271

图9.272

下面来调整照片的色彩。此时要注意增强画面蓝色的同时，保留高光区域一定的紫色调。

④ 在"颜色"面板中分别调整"色温"和"自然饱和度"参数，如图9.273所示，在"效果"面板中调整"清晰度"，如图9.274所示，从而美化照片的色彩和细节，如图9.275所示。

图9.273   图9.274

图9.275

至此，已经调整好了画面的基本曝光和色彩，但这是以天空及星星为准进行调整的，此时选择汽车附近的照片，可以看出该区域存在较严重的曝光过度问题，下面对其进行校正。

⑤ 首先，单击照片 BR4A0719.CR2，然后按住 Shift 键再单击 BR4A0729.CR2，以选中包含了高光的照片，然后在"基本"面板中，适当降低"白色"参数，如图 9.276 所示，

以恢复其中的高光细节，如图 9.277 所示。

图9.276

图9.277

至此，照片的初步处理已经完成，下面将其导出成为JPG格式，从而在Photoshop中进行合成及润饰处理。

⑥ 选中下方列表中所有的照片，单击 Camera Raw 软件右上角的"转换并存储"按钮，在弹出的对话框中适当设置输出参数，如图 9.278 所示。

图9.278

07 设置完成后，单击"存储"按钮即可在当前 RAW 照片相同的文件夹下生成一个同名的 JPG 格式照片。

为了便于下面在 Photoshop 中处理照片，可以在导出时，将 JPG 格式放在一个单独的文件夹中。

08 在 Photoshop 中执行"文件"—"自动"—"Photomerge"命令，在弹出的对话框中单击"浏览"按钮，在弹出的对话框中打开所有上一步导出的 JPG 格式照片。单击"打开"按钮从而将要拼合的照片载入到对话框中，并适当设置其拼合参数，如图 9.279 所示。

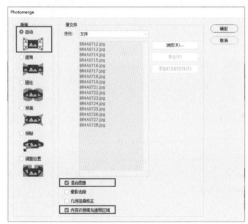

图9.279

选中"内容识别填充透明区域"选项后，将在填充的结果上自动对边缘的透明区域进行填充。由于本例的边缘相对较为简单，因此可以选中此选项，根据经验即可推断出能够产生不错的修复结果。

09 单击"确定"按钮即可开始自动拼合全景照片，在本例中，照片拼合后的效果如图 9.280 所示。按 Ctrl+D 键取消选区。

由于前面选中了"内容识别填充透明区域"选项，因此处理结果中，会自动将所有照片合并至新图层中，再对边缘进行填充修复，同时还会显示处理时所用到的选区，以便于读者判断智能修复的区域，如图 9.281、图 9.282 所示。

图9.280

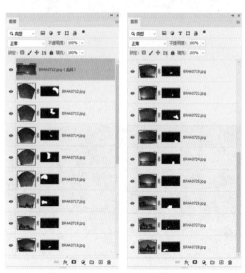

图9.281　　　　图9.282

在上一步拼合并智能填充边缘后，照片已有很好的结果，但仔细观察照片左下角可以看出，由于此处的图像略为复杂，因此修复结果显示出较生硬的边缘，下面就来解决此问题。

10 新建得到"图层 1"，选择仿制图章工具 ，并在其工具选项栏上设置适当的参数，如图 9.283 所示。

图9.283

⑪ 使用仿制图章工具 ⚊.按住 Alt 键在要修复图像的附近单击,以定义源图像,如图 9.284 所示。

图9.284

⑫ 释放 Alt 键,使用仿制图章工具 ⚊.在要修复的图像上涂抹,直至将其修复得自然为止,如图 9.285 所示。

图9.285

在本例中,由于照片边缘较为简单,因此得到的拼合结果只需做少量修复处理即可。对于边缘较为复杂的照片,拼合结果可能不尽如人意,在确定很难或无法修复时,可以使用裁剪工具 ⬚.直接将这部分图像裁剪掉即可。

⑬ 图 9.286 所示是对照片进行调色及锐化等处理后的结果,因其并非本例的重点,故不再详细讲解。

图9.286